AF836781

Oliver Lang

100 Hacks

mit dem Schweizer Messer

Tipps und Tricks für alle Lebenslagen

Oliver Lang

100 Hacks mit dem Schweizer Messer

1. Auflage, 2024

ISBN 978-3-948264-28-4

Wieland Verlag GmbH, Rosenheimer Straße 22, D-83043 Bad Aibling
Telefon 08061/38998-0, Fax 08061/38998-20
Internet: www.wieland-verlag.com
E-Mail: service@wieland-verlag.com

Umschlaggestaltung und Layout: Caroline Wydeau

Lektorat: Birgit Arnold
Schlussredaktion: Karola Wieland

Druck: Print Consult
Printed in EU

*Im Fokus:
Das Schweizer
Taschenmesser.*

Inhalt

Vorwort

Oliver Lang, Hack-Reporter, zu Besuch bei Victorinox.

Die Behauptung, dass das Schweizer Messer vielleicht die genialste Erfindung aller Zeiten ist, mag sich etwas gewagt anhören, schließlich wäre da noch das Rad, der elektrische Strom, die Entwicklung von Musikinstrumenten und lebensrettenden Medikamenten oder des multifunktionalen Smartphones, das uns alle begleitet, um nur einige Meilensteine der Menschheit zu nennen. Auf jeden Fall ist das Schweizer Messer schlichtweg genial.

Und das seit seinen Anfängen, die als Multifunktionsmesser noch viel weiter zurückreichen als die Gründung von Victorinox im Jahre 1884, aber besonders mit diesem Schweizer Unternehmen und der mittlerweile erloschenen Schweizer Firma Wenger untrennbar verbunden sind. Das Schweizer Taschenmesser ist eben der perfekte Alltagsbegleiter, der so vieles leichter macht, ausgestattet mit einer Klinge, die sehr gut schneidet, einem Dosenöffner, der effizient zu Werke geht, oder einer Säge, die großartig Äste kürzt. Doch damit ist es noch längst nicht getan. Auch bei Outdoor-Abenteuern und Expeditionen – sogar ins Weltall (siehe Seite 16) – kann das Schweizer Messer zum Gamechanger werden. Und es gibt neben der intendierten Funktion des Schweizer Messers auch eine kreative Nutzung der Werkzeuge.

Hätten Sie gedacht, dass sich mit der Pinzette eines Schweizer Messers nicht nur Kabelbinder, sondern auch Handschellen „knacken" lassen, dass der Korkenzieher ein exzellenter Abflussreiniger ist, die Klinge auch zum Spalten von dicken Holzscheiten geeignet ist oder dass man mit dem Fischentschupper Distanzen bestimmen kann? Von Hacks dieser Art haben wir hier 100 Stück zusammengetragen. Viele davon sind seit Jahrzehnten bekannt und kursieren in Foren und auf Video-Portalen. Mein Dank gilt all den unermüdlichen Tüftlern, die Tag für Tag aufs Neue versuchen, das Schweizer Messer noch etwas genialer zu machen. Mein Teil beschränkt sich darauf, dieses Wissen – oft angereichert mit Wissenswertem oder Kuriosem – zu bündeln.

In Zeiten, in denen die Messer-Gesetzgebung – oft genug aus Gründen sinnloser Symbolpolitik – strenger wird, ist das Schweizer Messer auch ein Beweis dafür, dass ein Messer in erster Linie ein Werkzeug ist. Oder genauer gesagt das Werkzeug, das die Entwicklung der Menschheit maßgeblich ermöglicht hat.

In diesem Sinne herzlichen Dank an @nikgyver7 und @FelixImmler (beide auf Youtube zu finden), die stellvertretend für all die unermüdlichen und genialen Schweizer-Messer-Tüftler stehen sollen, an Victorinox für den herzlichen Empfang in Ibach und die Hilfsbereitschaft bei der Beschaffung von Informationen und Bildmaterial, an Thomas Laible für seine fundierten Grundlagen zum Soldatenmesser, an Caroline Wydeau für ihr frisches Layout (und dass sie trotz meiner chaotischen Veranlagung immer noch lacht) und meine Kollegen – und natürlich an MacGyver, einer der Serienhelden meiner Kindheit, der gezeigt hat, was mit dem Schweizer Messer alles möglich ist.

Einleitung

Es gibt wenige Objekte, die so selbstverständlich in der Geschichte von uns allen verankert sind, wie das Schweizer Messer. Nahezu greifbar taucht es vor dem inneren Auge auf, wenn sein Name fällt: Es ist rot und liegt irgendwie satt in der Hand. Es gibt einem das Gefühl, dass man für alles gewappnet ist, was auf einen zukommen mag. Die Eltern oder der Opa steckten es ein, wenn man eine ausgedehnte Tour mit Picknick machte, wo es dann für in Spalten geschnittene Äpfel und geschälte Orangen sorgte, Würstchen schräg einschnitt und Stöcke fürs Stockbrot anspitzte. Heute steckt man es selbst ein, wenn man sich mit Freunden zum Grillen trifft, in den Urlaub fährt oder sich abseits der betretenen Pfade eine Auszeit gönnt.

Das Schweizer Messer hat eine Klinge, aber dabei bleibt es im Normalfall nicht. Mit der zupackenden Säge kann man im Nu aus einem Haselnussstrauch einen guten Wanderstock schneiden, der Dosenöffner sorgt für das einfache, schnelle Abendessen, und der Korkenzieher öffnet die aromatische, vollmundige Begleitung dazu. Hat man sich einen kleinen Holzsplitter in der Fingerkuppe eingefangen, hilft die praktische Pinzette, die zusammen mit dem Zahnstocher gut verankert im Griff sitzt.

Das Schweizer Messer hat unglaublich viele, klar definierte Funktionen – um ganz genau zu sein, hat das umfangreichste, aktuell regulär zu kaufende Schweizer Messer, wie es aktuell von Victorinox als Modell „Swiss Champ XXL" hergestellt wird, 73 Funktionen. Dazu gehören ein Kugelschreiber zum Festhalten von Geistesblitzen, ein Uhrengehäuseöffner für alle Zeitreisenden, ein Fischentschupper samt Angelhakenlöser für Petrijünger, ein Pharmaspachtel zum Dosieren und Anmischen von Heilsalben und natürlich zahlreiche Spezial-Schraubendreherbits für alle Feinmechanik-Freaks, die einer Sache gerne auf den Grund gehen.

Das Spannende ist, dass praktisch jede dieser Funktionen

73 klar definierte Funktionen besitzt das aktuell größte Taschenmesser des Schweizer Herstellers Victorinox. Es wiegt dabei gerade mal 353 Gramm – und ersetzt einen bestens sortierten Werkzeugkasten minus Hammer.

Foto: ABC

Ein Wort zu MacGyver

Einen besseren Werbeträger als MacGyver hätten sich die beiden einzigen Hersteller des originalen Swiss Army Knife, Victorinox und Wenger, nicht wünschen können. In der von 1985 bis 1992 produzierten Fernsehserie tritt der US-Schauspieler Richard Dean Anderson als Angus MacGyver auf. Der ist eine Mischung aus Geheimagent, Abenteurer und Nothelfer in humanitären Missionen und entschärft schon mal den Zeitzünder einer Rakete mit Hilfe einer Papierklammer, verhindert den Austritt von Schwefelsäure mit Schokolade oder baut aus Propangasflaschen, alten Klamotten und Teilen eines Kühlschranks einen Heißluftballon. MacGyver setzt dazu seine Kreativität in Kombination mit seinen technischen und wissenschaftlichen Kenntnissen sowie seiner „Standardbewaffnung" ein. Letztere besteht nicht aus Schusswaffen oder den neuesten technischen Gimmicks à la James Bond, sondern aus Klebeband und seinem Schweizer Taschenmesser. Eine von Fans zusammengetragene Liste der Modelle, die MacGyver benutzt, findet sich auf www.macgyveronline.com. Hier eine auszugsweise Zusammenstellung der ersten Staffel:

Staffel 1, Folge 3 • Die Diebin von Budapest:
Victorinox Tinker small

Staffel 1, Folge 4 • Schnappschüsse mit Folgen:
Wenger Handyman, Victorinox Tinker

Staffel 1, Folge 5 • 60 Millionen an der Angel:
Victorinox Executive

Staffel 1, Folge 6 • Der Ameisenkrieg:
Victorinox Golfer Original, Wenger Pocketmate

Staffel 1, Folge 7 • Kleine Fische, große Fische:
Victorinox Executive, Victorinox Tinker

Staffel 1, Folge 8 • Fackeln:
Victorinox Executive, Victorinox Tinker

Staffel 1, Folge 9 • Der verlorene Sohn:
Victorinox Tinker small

Staffel 1, Folge 10 • Zielscheibe MacGyver:
Victorinox Tinker, Victorinox Standard

Staffel 1, Folge 11 • Sechs Stunden bis zur Ewigkeit:
Victorinox Tinker

Staffel 1, Folge 12 • Ein unsichtbarer Gegner:
Victorinox Tinker small

Staffel 1, Folge 13 • Alte Freundschaften:
Wenger Classic 11, Victorinox Tinker

Staffel 1, Folge 14 • Wenn Bomben ticken:
Victorinox Executive

Staffel 1, Folge 15 • Spitzel aus den eigenen Reihen:
Victorinox Tinker

Staffel 1, Folge 16 • Liebe kennt keine Grenzen:
Victorinox Executive

Staffel 1, Folge 17 • Ein einfacher Auftrag:
Victorinox Camper

Staffel 1, Folge 18 • Das hässliche Entlein:
Victorinox Executive

Staffel 1, Folge 19 • Halt auf freier Strecke:
Victorinox Camper

Entscheidend für die Entwicklung der Menschheit: Der Gebrauch von Werkzeugen, allen voran der Faustkeil und das Messer, eröffnete viele neue Möglichkeiten.

abgesehen von ihrem intendierten Einsatzzweck noch viel mehr kann. Hätten Sie gedacht, dass man mit der Pinzette nicht nur verzurrte Kabelbinder, sondern auch Handschellen und – als geübter Lockpicker – sogar manches Vorhängeschloss öffnen kann? Oder dass man mit dem Korkenzieher festsitzende Dübel aus der Wand bekommt, an denen zuvor sämtliche Zangen im Haushalt verzweifelt sind?

Genau darum geht es in diesem Buch. Wir zeigen, wie unglaublich praktisch selbst das kleinste Schweizer Taschenmesser sein kann, wenn man weiß, wie man es anwendet – im Alltag, aber auch in unerwarteten Notsituationen, bei handwerklichen Tätigkeiten und beim Bushcraften im Wald.

Dieses Buch ist ein Beispiel dafür, wie erfindungsreich der Mensch ist. Es wäre kaum möglich gewesen ohne die weltweite Community von Fans des Schweizer Messers. Unter diesen stechen einige besonders hervor, wie der Schweizer Messerpädagoge Felix Immler, der nur mit einem Schweizer Messer die aufwändigsten Konstruktionen baut und dazu zahlreiche Bücher und Youtube-Videos veröffentlicht hat. Oder der griechische Messerenthusiast und Youtuber Nikos Doulas NikGyver, der gewiss weit mehr als die beschriebenen 100 Hacks kennt und dessen Alias eine Anspielung auf einen bekannten Serienhelden der 1980er- und 1990er-Jahre ist: Angus MacGyver (siehe Infokasten vorige Seite).

EINE KURZE GESCHICHTE DES MESSERS

Schneidende Handwerkzeuge gehören zu den ältesten Werkzeugen der Menschheit. Für viele Anthropologen und Kulturwissenschaftler sind sie zugleich auch die wichtigsten. Schaut man auf den Beginn der Menschwerdung zurück, dann erkennt man die Bedeutung des Messers in vollem Umfang: Denn mit der ersten, scharfkantig zugeschlagenen Feuersteinknolle änderten sich die Möglichkeiten der Nahrungsbeschaffung und die Essgewohnheiten und somit auch das Zusammenleben der Menschen und ihre Kommunikation.

Erst mit dem Messer und seinen scharfen „Nachkommen", dem Beil und – viel später – der Säge, war es möglich, weitere Werkzeuge und Lebensumwelten zu erschaffen, die der Menschheit Sicherheit gaben und sie in ihrer Entwicklung voran brachten.

Ist das womöglich der Grund, warum so viele von uns auch in der heutigen, hochmodernen Welt einem archaischen – und vermeintlich simplen – Werkzeug wie dem Messer so viel Achtung und Wertschätzung entgegenbringen? Liegt vielleicht das besitzergreifende Verlangen nach dem perfekten Messer sogar in unseren Genen?

Nachdem unsere Vorfahren vermutlich über lange Zeit mit den einfachsten Werkzeugen aus natürlichen Materialien wie Knochen, Muscheln oder auch Holz arbeiteten, begannen sie vor rund 3,4 Millionen Jahren mit der Herstellung von speziell geformten Steinwerkzeugen. Das blieb so, bis es erst vor rund 7.000 Jahren zu einem entscheidenden Wechsel kam: Die Menschen entdeckten die Metallgewinnung. Die Verwendung von Kupfer, später Bronze und noch mal 1.500 Jahre später auch Eisen war in der Menschheitsgeschichte einer der wichtigsten Schritte hin zur modernen Welt, wie wir sie heute kennen.

Bronze wurde zu Waffen, Werkzeugen und Schmuck geformt. Bronze war derart kostbar, dass man Handelsbeziehungen über Tausende von Kilometern hinweg aufbaute. Das Besondere an der Verwendung von Bronze ist die Tatsache, dass es sich um eine Legierung handelt, die so nicht in der Natur vorkommt. Was hat die Menschen damals bewegt, unscheinbares Gestein so hoch zu erhitzen, dass Kupfer und Zinn ausgeschmolzen wurde? Was hat sie dazu gebracht, die beiden Metalle in einem bestimmten Mischungsverhältnis miteinander zu verbinden und dadurch die ungleich härtere Bronze herzustellen? Es grenzt an ein Wunder.

Noch wunderbarer ist die Nutzbarmachung des Eisens. Zwar besteht unser Erdkern zum größten Teil aus Eisen, und auch in oberflächennahen Bereichen lassen sich vielerorts Eisenerze (eisenhaltiges Gestein) finden. Jedoch das im Gestein gebundene Eisen zu gewinnen, ist extrem schwierig.

In Mitteleuropa gelang es den Menschen erst ab dem 8. Jahrhundert vor Christus. Die Grundlage dafür schafften hocheffiziente Öfen, in denen Eisenerze mit Hilfe von Holzkohle so hoch erhitzt werden konnten, dass eine sogenannte Eisenluppe entstand. Das sind schwammartige, kohlenstoffhaltige Eisenklumpen, aus denen fachkundige Schmiede einen hochwertigen Stahl gewinnen konnten. Ein solch vielseitiges, hochwertiges Material gab es bis dahin nicht. Bis ins 13. Jahrhundert hinein waren die Rennöfen (neben der Eisenluppe entstand auch „rinnende", also abfließende Schlacke, daher der Name) der einzige Weg zur Stahlgewinnung.

Wo Erzvorkommen mit nutzbarer Wasserkraft durch Flüsse, Holzbestand und dem notwendigen Fachwissen zusammenkamen, entwickelten sich ab dem 13. Jahrhundert die großen Zentren der Messerherstellung, die zum Teil bis heute bestehen. In Europa waren das vor allem Solingen in Deutschland, Chatellerault, Nogent, Nontron, Paris und Thiers in Frankreich, Sheffield und London in England, Scarperia und Maniago in Italien, Toledo in Spanien sowie Mora und Eskilstuna in Schweden. Auch in Japan gibt es seit Jahrhunderten traditionelle und hoch spezialisierte Standorte. Und mit europäischen Auswanderern aus England und Deutschland erreichte die Messerkunst vor über 200 Jahren auch die USA, die heute neben China zu den wichtigsten Ländern

Die Soldatenmesser der Schweizer Armee enthielten Werkzeuge zum Zerlegen der Schusswaffe und zur Reparatur der Ausrüstung sowie einen Dosenöffner.

gehören, die den Weltmarkt mit scharfen Klingen versorgen.

DIE ANFÄNGE DES MULTIFUNKTIONSMESSERS

Viele Leser werden sich bestimmt noch an die Werbung des Hustenbonbon-Herstellers Ricola erinnern, mit der entscheidenden Frage „Wer hat's erfunden?". Im Falle des kantigen Halsbonbons sind es tatsächlich die Schweizer. Im Falle des Multifunktionsmessers sieht die Sache jedoch anders aus, auch wenn die Schweizer dieses Genre mit Marken wie Wenger und Victorinox prägten wie keine zweite Nation.

Dass Klappmesser keine neumodische Erfindung sind, zeigen Ausgrabungen, bei denen immer wieder interessante Modelle auftauchen. Das älteste bisher bekannte Exemplar eines Klappmessers wurde im oberösterreichischen Salzkammergut gefunden. Es stammt aus der archäologisch bedeutsamen Hallstattzeit und ist gut 2.500 Jahre alt. Die Klinge besteht bereits aus Eisen, und für den Griff kamen verzierte Knochenplatten zur Verwendung.

Aus dem 3. Jahrhundert nach Christus schließlich datiert der erste bekannte und legitime Vorläufer des Schweizer Taschenmessers. Es handelt sich um ein mehrteiliges, multifunktionales Besteck- und Werkzeugmesser aus Silber mit Löffel, Gabel und Zahnstocher, Dorn und Klinge – vielleicht von einem wohlhabenden Römer als Reisebegleiter genutzt.

Vorherrschend waren aber lange Zeit feststehende Messer und einfache Klappmesser, deren Aufbau denkbar simpel war: Die Klinge saß in einem Griff und wurde um einen Achsniet herum auf- und wieder zurückgeschwenkt. Eine Arretierung gab es nicht. Heute nennt man diese Messer Friction Folder, da die Reibung der Klingenwurzel an den Griffschalen die Klinge in Position hält.

Klappmesser wurden in wirklich großen Stückzahlen erst ab dem 17. oder eher 18. Jahrhundert hergestellt – selbst die Gabel wurde in Europa erst im 17. Jahrhundert Teil des üblichen Essbestecks. In Europa war damals bei der Klappmesserherstellung das britische Sheffield dominant. Die Musterbücher großer Messerhersteller aus dem 18. und 19. Jahrhundert zeigen Hunderte von unterschiedlichen Taschenmessermodellen: vom feinen Herrenmesser bis zu hoch spezialisierten Klappmessern für die Arbeit und die Jagd. Selbst Abraham Lincoln trug am 14. April 1865, dem Tag des Attentats, das zu seinem Tod führte, neben einem Taschentuch aus weißem

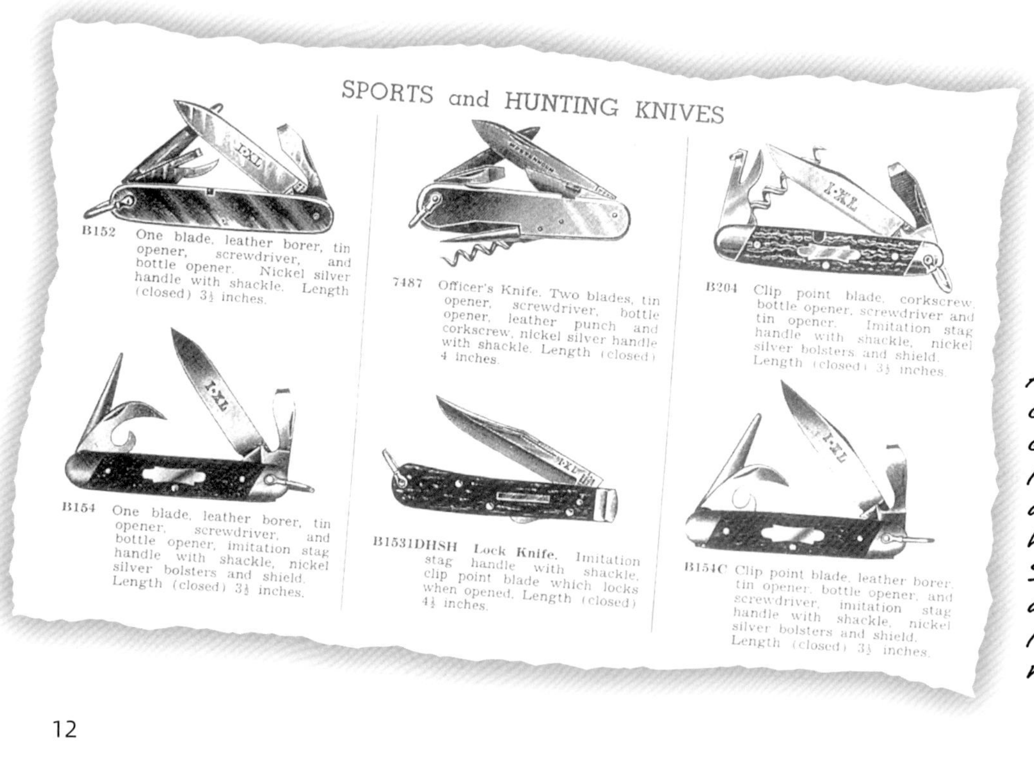

Auszug aus einem Katalog eines Sheffielder Messerherstellers aus dem 19. Jahrhundert. Auch in Solingen wurden damals schon Multifunktionsmesser gefertigt.

Beim 1897 gesetzlich geschützten Victorinox Offiziers- und Sportmesser wandert die Ahle an den Rücken, neu sind eine kurze Klinge und der Korkenzieher.

Leinen mit rot eingesticktem Schriftzug „A. Lincoln" ein sechsklingiges (!) Taschenmesser mit Silberbacken und Elfenbeingriffschalen vom Typ „Congress" bei sich, das vermutlich in Sheffield hergestellt wurde. Doch auch in Deutschland wurden in Solingen zu dieser Zeit schon lange multifunktionale Klappmesser produziert. Auch der 1860 in Schwyz geborene Karl Elsener – der spätere Gründer der Firma Victorinox – reiste für seine Ausbildung zum Messerschmied extra nach Deutschland.

DAS SCHWEIZER OFFIZIERS- UND SPORTMESSER

Über viele Jahrzehnte hinweg wurden „Schweizer Taschenmesser" – offiziell und ausschließlich – nur von zwei Schweizer Firmen hergestellt: dem Familienunternehmen Victorinox aus Ibach, Schwyz, und der Firma Wenger aus Delémont im Schweizerischen Kanton Jura. Kennzeichnend für beide waren das Schweizer Kreuz auf den roten Griffschalen sowie eine sehr hohe Qualität bei moderaten Preisen. Heute wird das offizielle Schweizer Taschenmesser nur noch von Victorinox produziert.

Der Victorinox-Gründer Karl Elsener eröffnete 1884 ein Messerschmiedegeschäft mit dem Ziel, die Schweizer Armee mit einem verlässlichen Soldaten-Klappmesser zu versorgen. Ab 1890 gelang ihm das, und bis heute stammt das Schweizer Soldatenmesser von Victorinox.

Nach diesem ersten großen Erfolg feilte Elsener jahrelang an einer weiteren revolutionären Idee: einem Messer, das in möglichst kompakter Form möglichst viele praktische Funktionen bietet. Am 12. Juni 1897 ließ er dann sein elegantes, leichtes und vielseitiges „Offiziers- und Sportmesser" gesetzlich schützen. 2022 wurde das 125-jährige Jubiläum dieser Entwicklung gefeiert. „Als mein Urgroßvater 1897 das original Offiziers- und Sportmesser patentieren ließ, hatte er keine Vorstellung davon, dass dies der Beginn einer wahren Schweizer Legende und der Grundstein für die Erfolgsgeschichte des Unternehmens war", so der Urenkel Carl Elsener, der aktuelle CEO von Victorinox.

In den Jahren 1945 bis 1949 wurden die Victorinox-Taschenmesser in großen Mengen an die PX-Läden der US-Army, Navy und Air Force geliefert. Diese Lieferungen trugen entscheidend dazu bei, dass Schweizer Taschenmesser auf der ganzen Welt bekannt wurden.

Da den amerikanischen Offizieren und Soldaten das Wort „Offiziersmesser" nur schwer über die Zunge ging, nannten sie es einfach „Swiss Army Knife".

Heute hat sich diese Bezeichnung – kurz SAK – im gesamten englischen Sprachgebiet eingebürgert. Im französischen Sprachraum nennt man sie „Couteaux Suisses", und in Deutschland und Österreich sind sie unter dem Namen „Schweizer Messer" ein Begriff.

SPANNENDE SUCHE NACH DEM ORIGINAL

Gefeiert wurde das 125-jährige Jubiläum des Offiziers- und Sportmessers mit dem limitierten Modell „Replica 1897", das in einer Art Zeitkapsel angeboten wurde und in seiner Zusammenstellung und Optik dem Original entspricht. Der Weg zu dieser originalgetreuen Replik war jedoch nicht so einfach. Die Suche nach dem allerersten Offiziers- und Sportmesser war spannend und führte die Victorinox-Archivleitung tief in die Geschichte zurück. In alten, von Hand geführten und mit Zeichnungen bebilderten Büchern fand man schließlich Hinweise auf die Ursprünge der ersten Modelle.

Doch nur mit den Zeichnungen und alten Schablonen war es nicht getan. Jens Kamer, Leiter des umfangreichen hauseigenen Messerarchivs von Victorinox, in das auch die großartige Sammlung des Victorinox-Kenners und Autors Horst Brunner einfloss, kennt jedes dieser Messer. Er beschloss, dass ein 1897er-Modell zum Opfer werden musste: „Stück für Stück haben wir das Original auseinander genommen, um den Längen und Stärken der Klingen, den Kräften der Rückenfedern und den Feinheiten des Mechanismus auf die Spur zu kommen", so Kamer. Aus diesem Vorbild schließlich entstand die Replica 1897 Limited Edition, deren Schalen aus rotem Vulkanfiber bestehen, was dem Messer einen warmen, angenehmen Griff verleiht. Auch die ikonische Prägung „Elsener Schwyz" auf der großen Klinge und der Nachweis des Patents „Gesetzlich Geschützt" auf dem Schraubenzieher stammen vom historischen Modell. Letzteres war Ende des 19. Jahrhunderts ein wichtiges Verkaufsargument.

Auch die Werkzeuge sind dem historischen Original angepasst, was an einigen Merkmalen erkennbar ist, wenn man genau hinsieht: an der Spitze der kleinen Klinge, an der Form des Korkenziehers, der wie eine Schraube geformt ist und noch keine „Seele" aufweist, an der Ahle, die in den Körper des Taschenmessers integriert ist, sowie am Dosenöffner, der Dosen seitlich unterhalb des Rands einschneidet.

Anlässlich des 125-jährigen Jubiläums des Offiziers- und Sportmessers lancierte Victorinox 2022 diese detailgetreue und limitierte Replik.

Messer modifizieren

Die multifunktionalen Schweizer Taschenwerkzeuge laden viele Nutzer ein, sie an individuelle Bedürfnisse anzupassen. Hobbyschnitzer, die eine besonders kontrolliert führbare Klinge brauchen, schleifen oft die kleine Klinge um, indem sie den bauchigen Part abschleifen, bis die Schneide plan ist, und dann eine neue Fase setzen. Felix Immler, Youtuber und der vielleicht bekannteste und kreativste Nutzer der Taschenwerkzeuge von Victorinox, zeigt diesen Umbau – und viele weitere – auf seinem Kanal: zum Beispiel, wie man den Innenradius des Dosenöffners mit dem Dremel schärft, um ein Hakenmesser zu bauen, oder wie man die Schraubendreher-Spitze des Kapselhebers zu einem konkaven Hohlbeitel umschleift. Zu den beliebtesten einfachen Mods des Verfassers dieses Buchs gehört das Anfasen des arretierenden Kapselhebers vorne und seitlich für Schneid- und Stemmarbeiten.

Es gibt allerdings Unterschiede. So wurde die Kraft der Federn, die das Öffnungs- und Schließverhalten bestimmen, heutigen Gewohnheiten angepasst. Auch nicht dem Original entsprechend ist der rostbeständige Klingenstahl. 1897 gab es den schlichtweg noch nicht. Die Klingen und Werkzeuge bestanden stattdessen aus niedrig legiertem Carbonstahl.

Die Einführung des rostbeständigen Stahls in den 1920ern wurde damals nicht unbedingt mit großem Jubel begrüßt, da die Nutzer an die mechanischen Eigenschaften des Carbonstahls gewohnt waren und dem „Inox“ kritisch gegenüber standen. Erst nach und nach setzte sich die rostbeständige Qualität durch. Sie findet sich auch im Firmennamen, der seit 1921 aus „Victoria“, dem Vornamen von Karl Elseners Mutter, und „Inox“ (Französisch: inoxidable = rostfrei) zusammengesetzt ist.

Anstelle der damals üblichen Nietverbindungen aus Stahl oder Messing kommt bei der auf 9.999 Stück limitierten Replica 1897 Neusilber zum Einsatz. Die Platinen bestehen nicht aus Messing wie beim Original, sondern aus Aluminium. Eine Besonderheit der Replica 1897 ist die Verpackung in Form einer Zeitkapsel, so als ob das historische Modell von 1897 ins Jahr 2022 gereist wäre. Eingebettet ist die Kapsel in eine Box, die man aufklappt und in die Geschichte des Offiziersmessers eintaucht.

Jedes Messer ist einzeln nummeriert und mit der Jahreszahl 1897 graviert. Der Preis von über 400 Euro zur Zeit der Einführung und die Limitierung machen dieses Jubiläumsmodell zu einem reinen Sammlerstück, hinter dessen Entwicklung sehr viel Arbeit und Leidenschaft stecken.

Fun Fact: Das „Offiziersmesser“ war im Gegensatz zum Soldatenmesser, mit dem Victorinox die Schweizer Armee erstmals 1891 versorgte, zu keiner Zeit offizieller Ausrüstungsgegenstand der Schweizer Armee. Alle Dienstgrade wurden und werden immer noch mit dem normalen Soldatenmesser ausgerüstet. Dafür wurde es jedoch oft privat von höheren Rängen der Schweizer Armee beschafft. Das Messer ist Teil der Ausstellungen im New Yorker Museum of Modern Art, im Staatlichen Museum für angewandte Kunst in München und vielen anderen Museen, und es war fester Bestandteil des NASA-Programms (siehe unten).

TECHNISCHE UND MECHANISCHE GRUNDLAGEN DES SCHWEIZER TASCHENMESSERS

Für die große und die kleine Klinge wird standardmäßig ein rostfreier chrom- und molybdänlegierter Spezialmesserstahl verwendet – in der Regel die Stahlsorte 1.4110. Sie besitzt fogende Legierungsbestandteile:

Carbon (C) = 0,48-0,60 %
Silizium (Si) ≤ 1,00 %
Mangan (Mn) ≤ 1,00 %
Phosphor (P) = 0,04 %
Schwefel (S) = 0,015 %
Chrom (Cr) = 13,0-15,0 %
Molybdän (Mo) = 0,5-0,8 %
Vanadium (V) ≤ 0,15 %

Nach dem Härten bei 1.040 Grad und Anlassen bei 160 Grad haben die Klingen eine Härte von 56 HRC (Härte Rockwell C). Zum Nachschärfen der Klingen kann man handelsübliche Schleifsteine verwenden. Für reine Abziehstähle sind die Klingen jedoch zu hoch gehärtet. Die meisten Werkzeuge bestehen aus rostbeständigem X39Cr13-Stahl und haben eine Härte von 53 Rockwell C. Schraubenzieher, Ahlen und Dosenöffner sind mit 52 HRC nur geringfügig weicher. Die Korkenzieher und Federn, die aus X20Cr13-Stahl bestehen, werden auf Härtewerte zwischen 45 und 49 Rockwell C gebracht. Die Metall-Säge und -Feile sind einsatzgehärtet und hartverchromt, sodass damit auch Eisen und Stahl gesägt und gefeilt werden kann.

Die Zwischenlagen (Platinen) bestehen seit 1951 aus einer Aluminium-Legierung. Damit werden die Messer leichter und sind auch angenehmer in der Hosentasche zu tragen. Früher bestanden die Platinen aus Neusilber. Die Nieten und Rosetten werden aus Messing gefertigt

Das Schweizer Messer im Weltraum

1978 bestellte die NASA 50 Exemplare des Modells „Master Craftsman" von Victorinox für die Crews der Space-Shuttle-Flüge. Das Craftsman wurde 1973 eingeführt und gehört zu den 91-Millimeter-Modellen von Victorinox. In insgesamt sechs Lagen ist es mit zahlreichen Werkzeugen ausgestattet, zu denen neben der großen und kleinen Klinge auch eine Metallfeile und -säge gehören, eine Holzsäge, eine Schere, ein Holzmeißel, ein Dosenöffner und verschiedene Schraubendreher sowie eine Ahle. Für einiges Aufsehen sorgten die Reparaturen des deutschen Astronauten Ulf Merbold auf seiner Space-Shuttle-Mission 1983, bei der er mit seinem Schweizer Taschenmesser und deutscher Gründlichkeit Experimente im Wert von mehreren 100.000 D-Mark rettete. NASA-Astronaut Chris Hadfield erzählte einem Fernsehteam, dass er nur dank seines Craftsman erfolgreich die Schrauben der Luke der Raumfähre Atlantis öffnen und somit erfolgreich an der russischen Raumstation Mir andocken konnte.

und die Schalen aus Cellidor-Kunststoff, typischerweise in Rot. Mittlerweile gibt es jedoch zahlreiche weitere Farbvarianten von Camouflage bis Schwarz.

Die Federn bestehen aus rostbeständigem X20Cr13 und werden auf 45 HRC gehärtet. Die Rückenfeder drückt mit etwa zwölf Kilogramm auf die große Klinge und auf der Gegenseite mit rund acht Kilogramm auf die kleine Klinge. Somit drücken gesamt 20 Kilogramm rückwärts auf den Korkenzieher. Das ergibt bei zwei Federn beziehungsweise sechs Federdruckstellen in Summe etwa 70 Kilogramm Federdruck.

Der Federdruck beim Modell SwissChamp mit acht Federn beziehungsweise 24 Druckstellen beträgt somit etwa 300 Kilogramm. Zum Zuklappen der Klinge ist recht viel Druck notwendig, weil das Übersetzungsverhältnis zwischen Achse und Druckpunkt und zwischen Achse und Nagelhau bei etwa 1 : 20 liegt.

Dutzende Personen sorgen in einer genauen Endkontrolle dafür, dass nur einwandfreie Taschenmesser in den Versand kommen. Die Victorinox-Garantie erstreckt sich zeitlich unbeschränkt auf jeden Material- und Fabrikationsfehler, der Service ist bekanntermaßen ausgezeichnet.

Der 1951 patentierte Victorinox-Dosenöffner ist nach Herstellerangaben der beste im weltweiten Vergleich. Dosen können damit von oben schnell und erfahrungsgemäß ohne Kraftanstrengung geöffnet werden, und man erreicht einen glatten Dosenrand. Er besitzt zudem einen nützlichen Schraubenzieher, geeignet für kleine Schlitz- und Phillips-Kreuzschlitzschrauben.

Nur bei Victorinox ist die an den Korkenzieher angrenzende Aluminium-Zwischenlage anodisch oxidiert, das heißt mit einer glasharten, abriebfesten Oberfläche versehen. Diese Oberflächenbehandlung verteuert diese Bauteile erheblich. Durch zwei zusätzliche Arbeitsoperationen wird die Stech-, Bohr- und Nähahle mit einer sehr effizienten Schneide versehen (Winkel: 48 Grad), die es ermöglicht, an einem Ledergürtel ein Loch auszuschneiden oder in Holz und Kunststoff schnell ein tiefes Loch zu bohren.

Die Vernietung des ganzen Messers ist durch sechs zusätzliche Metall-Rosetten verstärkt. Der geöffnete Victorinox-Schraubenzieher steht in Arbeitsstellung unter erhöhter Federspannung, und seine Stirnkante steht hinter der Messerachse und zu ihr im Winkel von 89 Grad. Das hat den Zweck, ein Umklappen beim Ge-

Die Rostbeständigkeit und Spezialwerkzeuge wie ein Marlspieker machen das Schweizer Messer auch auf hoher See zum verlässlichen Begleiter (Modell: Skipper Pro).

Stark wie ein guter Espresso – mit den SwissTools (hier das Modell Spirit) setzte Victorinox Standards.

Das Schweizer Messer als Lebensretter

Dass auch ganz normale Messer nicht nur den Tag, sondern auch das Leben retten können, zeigen die vielen Geschichten, die im Laufe der Jahre beim Messerhersteller Victorinox eintrafen. Danach werden sich wohl alle einig sein: Für ein „kleines Rotes" ist immer Platz.

Ein 31-jähriger Mann stand kurz vor dem Ersticken, weil er in einem brennenden Gebäude im Lift auf Höhe eines Zwischengeschosses festsaß. Selbst die Feuerwehr gelangte nicht zu ihm. Zum Glück konnte der Mann, der sein Schweizer Taschenmesser stets bei sich trug, die Schraubenmutter der verriegelten Tür entfernen, diese öffnen und sich so aus dem brennenden Lift befreien, was dem Ingenieur vermutlich das Leben rettete.

In Irland wurde ein Junge auf einem Fahrrad von einem Auto angefahren und erlitt schwere innere Verletzungen. Ärzte in einem vorbeifahrenden Auto hielten an und legten mit Hilfe eines Victorinox-Messers einen Brustzugang, während sie auf den Notarzt und die Sanitäter warteten.

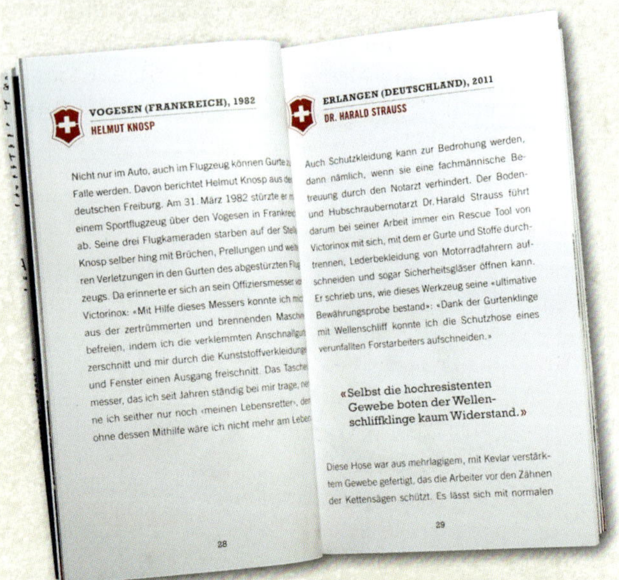

Die Wellenschliffklinge des RescueTools öffnet im Notfall auch Sicherheitsbekleidung.

Nachdem dem kanadischen Arzt John Ross in einem abgelegenen Teil Ugandas seine chirurgische Säge abhanden gekommen war, nutzte er die Säge seines Victorinox-Messers für mindestens sechs lebensrettende Bein- und Armamputationen. Durch das stete Auskochen gingen zwar die „schönen roten Schalen" verloren, ansonsten arbeitete das „Instrument" aber tadellos.

Auf einem Flug nach Bangalore drohte ein Kind an einem harten Bonbon zu ersticken. Als die ersten Rettungsmaßnahmen nicht fruchteten, setzte ein Arzt an Bord mit dem Victorinox-Messer eines Passagiers zum lebensrettenden Luftröhrenschnitt an – 1976 waren Messer an Bord von Flugzeugen noch erlaubt, und der Luftröhrenschnitt, anstelle dessen heute bevorzugt eine Intubation oder ein direkter Zugang zur Lunge vorgenommen wird, war noch verbreitet.

Vor rund 40 Jahren hatte sich ein 74-jähriger Rentner aus Deutschland bei einem Urlaub in der Schweiz ein Victorinox-Messer gekauft. Es wurde zu seinem täglichen, praktischen Begleiter und nach Jahrzehnten auch zum Lebensretter, als ein 38-Jähriger bei einem Überholmanöver die Kontrolle über sein Fahrzeug verlor und sich mehrfach überschlug. Das Wrack brannte im Bereich der Vorderachse, und der schwerverletzte Fahrer hing kopfüber im Sicherheitsgurt. Die Helfer konnten den im Gurtschloss klemmenden Sicherheitsgurt des Fahrers nicht lösen, woraufhin der 74-Jährige unter Einsatz seines eigenen Lebens und mithilfe seines „Schweizer Sackmessers" den Gurt durchschnitt – Hose und Jacke des Verunfallten hatten bereits Feuer gefangen. Wenn's drauf ankommt, zählt jede Minute – und manchmal eben auch ein gutes Messer.

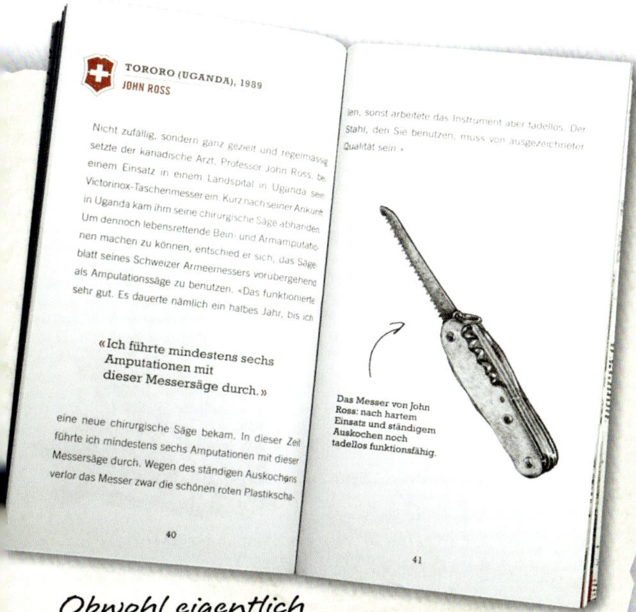

TORORO (UGANDA), 1989
JOHN ROSS

Nicht zufällig, sondern ganz gezielt und regelmässig setzte der kanadische Arzt, Professor John Ross, bei einem Einsatz in einem Landspital in Uganda sein Victorinox-Taschenmesser ein. Kurz nach seiner Ankunft in Uganda kam ihm seine chirurgische Säge abhanden. Um dennoch lebensrettende Bein- und Armamputationen machen zu können, entschied er sich, das Sägeblatt seines Schweizer Armeemessers vorübergehend als Amputationssäge zu benutzen. «Das funktionierte sehr gut. Es dauerte nämlich ein halbes Jahr, bis ich

«Ich führte mindestens sechs Amputationen mit dieser Messersäge durch.»

eine neue chirurgische Säge bekam. In dieser Zeit führte ich mindestens sechs Amputationen mit dieser Messersäge durch. Wegen des ständigen Auskochens verlor das Messer zwar die schönen roten Plastikschalen, sonst arbeitete das Instrument aber tadellos. Der Stahl, den Sie benutzen, muss von ausgezeichneter Qualität sein.»

Das Messer von John Ross: nach hartem Einsatz und ständigem Auskochen noch tadellos funktionsfähig.

40 41

Obwohl eigentlich für Holz gedacht, führte ein Arzt mit der Säge lebensrettende Amputationen durch.

Alljährlich erreichen Victorinox unzählige Dankschreiben und Nachrichten, von denen hier einige auszugsweise zu sehen sind.

brauch zu verhindern. Er kann auch als Winkelschraubenzieher benutzt werden. Der Kapselöffner ist optimal an die gängigen Kronkorken angepasst.

Die Holzsäge ist möglichst lang, und alle Zähne sind präzise geschliffen. Die Metallsäge und die Metallfeile bleiben dank einer erhöhten Oberflächenhärte länger nutzbar. Und der im Korkenzieher aufbewahrte Mini-Schraubenzieher (für Brillenschräubchen und vieles mehr) ist eine patentierte Entwicklung von Victorinox.

DAS SCHWEIZER SOLDATENMESSER

Der 1860 in Schwyz geborene Karl Elsener erlernte das Messerschmiedehandwerk nicht in der Schweiz, sondern in Deutschland. Denn in der „Klingenstadt" Solingen produzierten damals bereits große Firmen hochwertige Klingen in Massen. 1884 gründete Elsener dann in seinem Heimatort seine eigene Messerschmiede.

Als die Schweizer Armee das neue Infanteriegewehr Modell 1889 einführte, das sich einfach und schnell zerlegen und reinigen lassen sollte, benötigten die Soldaten dazu einen Schraubendreher, der bislang nicht in der Ausstattung vorgesehen war. Zudem brauchten sie einen Öffner für die Konservendosen und auch gelegentlich eine Ahle, um Lederriemen, Zaumzeug oder Schuhe zu flicken. Ein Messer gehörte bereits zur Standardausrüstung. Die Schweizer Armee brauchte also jemanden, der fähig war, all diese Werkzeuge in ein einziges Klappmesser einzubauen.

In Solingen fand die Schweizer Armeeführung die Messermanufaktur Wester & Co., die diese Wünsche umsetzte und 1890 die Schweizer Armee mit einem ersten Soldatenmesser belieferte. Es war mit schwarzen Holzgriffschalen versehen und erfüllte alle Bedürfnisse zur besten Zufriedenheit. Neben den allgemeinen Schneidaufgaben sollte das Messer vor allem zur Wartung des Gewehrs dienen – weshalb sich auch ein völlig anderes Konzept als beim deutschen Mercator-Soldatenmesser ergab. Das Schweizer Soldatenmesser von 1890 war zusätzlich zur Klinge mit einem Schlitz-Schraubendreher zum Zerlegen der Waffe ausgestattet. Eine Kombination aus Pfriem und Stechahle diente sowohl zum Säubern des Gewehrs als auch für Arbeiten an der Leder-Ausrüstung.

Eine technische Neuheit war der Dosenöffner: Konservendosen waren damals noch nicht sehr weit verbrei-

2008 ersetzte das Victorinox Soldatenmesser 08 die Alox-Modelle, die seit 1961 im Einsatz für die Schweiz waren. Hintergrund des Wechsels waren neue, gestiegene Anforderungen des Schweizer Beschaffungsamts.

tet und wurden nur sehr langsam Bestandteil der militärischen Verpflegung. Für unsere Augen sieht der damalige Dosenöffner sehr merkwürdig aus – die Funktion ist ganz anders als bei den heutigen Varianten: Er wird dicht unterhalb des Dosenrands eingestochen, dann wird der Deckel samt dem oberen Dosenrand durch kräftige, ziehende Bewegungen abgeschnitten.

Der einzige Wermutstropfen an diesem Messer war der, dass das Armeematerial im Ausland produziert werden musste. Doch in der Schweiz gab es zu diesem Zeitpunkt noch keine Produktionskapazitäten mit Knowhow, die mit den Solinger Preisen konkurrieren konnten.

Da erkannte Karl Elsener seine Gelegenheit und gründete mit über 20 weiteren Messerschmieden den Verband Schweizer Messerschmiedemeister. Er brachte dazu sein Fachwissen aus Deutschland ein. Schon kurze Zeit nach Gründung belieferte Elsener die Armee mit den Soldatenmessern aus heimischer Fertigung.

Im Laufe der folgenden Jahrzehnte veränderte sich das Soldatenmesser zwar in den Details, aber die grundsätzliche Werkzeugkombination blieb gleich. Die schwarzen Eichenholz-Griffschalen wurden 1901 durch rotes Vulkanfiber-Material ersetzt. Danach änderte sich 60 Jahre lang praktisch gar nichts. Für das Soldatenmesser 61 wurden dann neue Griffschalen aus rot eloxiertem, rutschfest geriffeltem Aluminium eingeführt, wodurch sich auch eine insgesamt etwas schlankere Bauweise ergab. Diese Konstruktion wird bei den zivilen Victorinox-Modellen als „Alox" bezeichnet. Zusätzlich wurde zur Vermeidung von Unfällen die Anordnung der Werkzeuge vertauscht. Der Schraubendreher wurde mit einem Kapselheber kombiniert, der alte Dosenöffner wurde durch die heute übliche Version ersetzt, mit der der Deckel von oben aufgeschnitten wird. Das Soldatenmesser 1961 blieb bis zum Jahr 2008 im Einsatz.

DAS NEUE SOLDATENMESSER

Im Lauf der Jahrzehnte wurden die zivilen „Offiziersmesser" mit immer neuen Werkzeugkombinationen versehen. Gleichzeitig sorgte mit der Markteinführung der ersten Leatherman-Tools im Jahr 1983 eine ganz neue Art von Taschenwerkzeug für ernsthafte Konkurrenz. Neue Materialien und Techniken revolutionierten den Messermarkt, wozu insbesondere die Liner-Lock-Arretierung als Alternative zum klassischen Back-Lock zählte. Auch die militärischen Einsatzbedingungen veränderten sich natürlich.

Und so gab das Schweizer Beschaffungsamt 2007 schließlich bekannt: „Das alte Soldatenmesser entspricht in punkto Anforderungen an Sicherheit und Technologie nicht mehr den heutigen Anforderungen …

Victorinox Alox-Modelle

In der Geschichte von Victorinox hat Alox eine große Bedeutung. Es wurde 1957 erstmals für die Messer der Pioneer-Serie eingeführt und war ein zentrales Merkmal des Schweizer Soldatenmessers, das 1961 neu gestaltet und bis 2008 verwendet wurde.

Nach dem Stanzen aus Aluminium und der Struktur-Prägung durchlaufen Alox-Griffschalen ein Verfahren namens Eloxal, bei dem anodische Oxidation eingesetzt wird, um eine schützende Schicht zu erzeugen. Dabei entsteht eine wenige Mikrometer dünne Schicht, die tiefere Schichten vor Korrosion schützt, solange die Schicht intakt ist. Neben der chemischen Beständigkeit erhöht sich beim Eloxieren auch die Härte der Oberfläche, während sich die Reibungswerte beim Kontakt mit verschiedenen Materialien verringern. Diese finale Schicht ermöglicht auch die Farbgebung der Griffschalen.

Bei den Alox-Modellen sind sowohl die Griffschalen als auch die gesamte Bauweise robuster gestaltet als bei anderen vergleichbaren Offiziersmessern. So beträgt die Klingenstärke aktuell 2,8 Millimeter anstelle von 2,1 Millimetern. Mit der verfügbaren Vielfalt an Werkzeugen im Vergleich zu Offiziersmessern können sie jedoch nicht mithalten - sie sind aufs Wesentliche reduziert.

Alox-Messer sind mittlerweile in fünf Größen erhältlich: 58, 74, 84, 93 und 136 Millimeter (in geschlossenem Zustand). Das genaue Fertigungsjahr eines Messers lässt sich oft nicht bestimmen, aber der Zeitraum kann eingegrenzt werden. So war beispielsweise die alte, dreieckige Form der Ahle, die eine entsprechende Aussparung in der Griffschale erforderte, nur zwischen 1957 und 1960 im Einsatz. Die frühen Messer hatten einen Bügel, der in kleinen Aussparungen der hinteren Niete saß. Ein Hohlniet fand sich nur bei den Soldatenmessern. Zwischen 1974 und 1982 wurde der Bügel dann durch einen Ring ersetzt.

Die Schweizer Taschenmesser mit – teils farbig eloxierten – Aluminium-Griffschalen sind besonders stabil konstruiert und haben ihren ganz eigenen Reiz.

So ist zum Beispiel die Klinge nicht arretierbar, was im Gebrauch zu Verletzungen führen kann." Des Weiteren kamen noch folgende Eigenschaften ins Lastenbuch:

- eine einhändig ausklappbare Klinge mit Wellenschliff
- ein Kreuzschlitz-Schraubendreher
- eine Holzsäge
- eine Bohr- und Stechahle
- ein arretierbarer Schraubendreher
- ein Dosenöffner

Nach praktischen Feldversuchen bei der Armee und diversen Labor-Tests erhielt das von Victorinox eingereichte Modell den Zuschlag. Ein charakteristisches Element dieses Soldatenmessers 08 ist das Design der Klinge: Bei den meisten Messern mit einem partiellen Wellenschliff ist er an der Basis der Klinge angeordnet – beim Soldatenmesser dagegen im vorderen Bereich an der Spitze. Das hat einen ganz praktischen Hintergrund: Speziell der griffnahe Bereich der Klinge erlaubt eine besonders hohe Kraftübertragung auf die zu schneidenden Materialien. Wichtig ist das zum Beispiel für ein effizientes Schnitzen. Und mit einer glatten Schneide schnitzt man eben sauberer als mit einem Wellenschliff. Dieser wiederum kann Vorteile bei einem „sägenden" Schneiden von zähen Materialien wie Kunststoffen, Seilen und Gurten mit sich bringen. Beim Soldatenmesser 08 entfällt über die Hälfte der Klinge auf den Wellenschliff, sodass rund drei Zentimeter glatte Schneide übrig bleiben, die zum druckvollen Schnitzen von Feathersticks für Feuerholz und Ähnlichem geeignet sind.

Der Griff des Soldatenmessers 08 besteht aus Zwei-Komponenten-Kunststoff. Eine Basis aus Polyamid ist mit Ein- und Auflagen aus rutschfestem Kunststoff verbunden. Mittlerweile sind Varianten dieses Messers bei verschiedenen Armeen im Einsatz, darunter in Norwegen, in den Niederlanden und in Singapur. Und auch in die offizielle Bestellliste der US-amerikanischen Defense Logistics Agency (DLA) wurde das Soldatenmesser von Victorinox aufgenommen. Die offizielle Bezeichnung des Messers lautet dort „Knife Combat Utility", und es besitzt brünierte Klingen.

Bei der deutschen Bundeswehr wurde übrigens ein ganz ähnlich konstruiertes Soldatenmesser schon 2003 eingeführt. Nur die Griffkonstruktion ist hier anders – die rutschhemmenden Komponenten fehlen leider. Dieses neue Armee-Taschenmesser ersetzte das bereits in den 1970er-Jahren eingeführte Bundeswehr-Taschenmesser.

Auch das alte BW-Taschenmesser wurde übrigens zu großen Teilen von Victorinox gefertigt. Es war sicherlich ein nützliches Werkzeug, doch es gab neben den generell gestiegenen Anforderungen vor allem einen Kritikpunkt: Die nicht arretierbare Kombi-Klinge, die Schraubendreher, Kapselheber und Säge vereinte, war im Bereich der scharfen Zahnung mit einer Blechmanschette geschützt, die im Einsatz schon mal verloren ging. Wenn dann bei Nutzung des Schraubendrehers die Säge einklappte, konnte man sich leicht verletzen. Beim neuen Bundeswehr-Taschenmesser arretieren jetzt die Einhandklinge und der sehr stabile Kapselheber.

Auch das aktuelle Taschenmesser der Bundeswehr wird von Victorinox gefertigt. Grip-Flächen wie beim Schweizer Soldatenmesser 08 gibt es leider nicht.

Artverwandte Messer

Die Erfolgsgeschichte des Schweizer Messers begann mit der Entwicklung des Offiziers- und Sportmessers im Jahr 1897 durch Victorinox. Seitdem wurden Hunderte unterschiedlicher Modelle entwickelt, von denen die meisten neben der Klinge noch weitere Werkzeuge besitzen: Kapselheber und Schraubendreher, Ahle, Mehrzweckhaken, Lupe, Säge und Feile, Schere, Bithalter und vieles mehr.

Wohlbekannt ist die hohe Funktionalität dieser Zusatzwerkzeuge. Bei Victorinox kann man sich sicher sein, dass sie nicht nur aussehen wie Werkzeuge, sondern dass sie auch so funktionieren. Das gilt auch für den anderen großen Schweizer Originalhersteller Wenger, dessen Modelle nach der Übernahme durch Victorinox im Jahr 2005 teilweise im Victorinox-Programm weitergeführt wurden. Dabei sind die Kosten durch die Massenproduktion meist relativ moderat, von bestimmten Sammler-Modellen abgesehen.

Diese hohe Funktionalität ist etwas, das man den vielen Plagiaten, die das typisch rote Taschenwerkzeug teils schamlos kopieren, nicht immer zugestehen kann. Diese Art der Produktpiraterie kostet den Schweizer Hersteller jedes Jahr viel Geld. Auch deshalb geht das Unternehmen gegen Produktfälscher gezielt vor. Victorinox gebe jährlich einen sechsstelligen Betrag aus, um sich gegen derlei Plagiate zu schützen, berichtete Carl Elsener, der die Firma in vierter Generation führt.

Plagiate sind das eine. Taschenwerkzeuge anderer Hersteller, die nicht aus der Schweiz kommen, sind etwas anderes. Denn multifunktionale Taschenmesser haben auch andernorts Tradition - man denke an das klassische Sportmesser von Böker, das bereits seit 1869 in Solingen gefertigt wird. Scharfe Alleskönner werden auch in Italien, China oder den USA gefertigt, und das in immer höherer Qualität. Viele der außerhalb der Schweiz gefertigten Multifunktionsmesser besitzen zum Beispiel Taschenclips, die die Funktionalität und vor allem die Leichtigkeit des Mitführens im Alltag deutlich erhöhen. Und noch etwas ist auffällig: Zahlreiche aktuelle internationale Modelle sind mit Glasbrechern und teilweise noch weiteren Notfallklingen ausgestattet. Dieses Feature findet man bei Victorinox bislang nur beim RescueTool.

Kurz: Es gibt mittlerweile einige interessante Alternativen zum originalen Schweizer Taschenmesser, auch wenn dessen Funktionalität kaum zu übertreffen ist.

Multifunktionsmesser werden auch außerhalb der Schweiz in guter Qualität hergestellt – ohne Plagiate darzustellen, gegen die Victorinox gezielt vorgeht.

Das steckt drin

Für alle, die nach einem sehr guten Multifunktionsmesser suchen, ist das Schweizer Messer definitiv ein Tipp. Das Modell Swiss Champ (im Bild) bietet alle Werkzeuge, die auch für die Hacks benutzt wurden. Im Alltag ist es nach unserer Einschätzung auch noch funktionaler als ein Multitool (Victorinox SwissTool) des Herstellers, das dafür jedoch stabiler ist, eine „richtige" Zange besitzt und dessen Werkzeuge arretieren.

Der Umfang und die Funktionalität der einzelnen Werkzeuge des Swiss Champs ersetzen wirklich fast einen kompletten Werkzeugkasten. Wer sich zum 185 Gramm schweren, 9,1 Zentimeter langen und 3,3 Zentimeter hohen Swiss Champ noch eine solide Zange, einen Hammer und – falls benötigt – Spezialschraubendreher einpackt, ist bei minimalem Packmaß maximal gut aufgestellt, so unsere Erfahrung.

KAPSELHEBER
mit Schraubendreher-Ende (6 mm) und Drahtabisolierer

LUPE
mit konvexer Sammellinse und einer Brennweite von 50 Millimetern (Vergrößerung 5-fach)

KLEINE KLINGE
klein, aber hilfreich, mit Kunststoff-Linse

FEILE
vereint Nagelfeile und -reiniger, Metall- und Holzfeile und eine Metallsäge

HOLZSÄGE
arbeitet effektiv auf Zug und Schub, gezahnt auf 6,6 Zentimeter Länge, leicht hinterschliffen

SCHERE
präzise geschliffen für Alltagsarbeiten

ZANGE
Kombi-Zange mit Drahtschneider und Hülsenpresser

GROSSE KLINGE
6,8 Zentimeter lang und 2,1 Millimeter stark am Ricasso, flach geschliffen aus 1.4110-Stahl, Härte ca. 56 HRC, Schneidenwinkel ca. 40 Grad ab Werk

FISCHENTSCHUPPER
mit Angelhakenlöser, Maßskala in Zentimeter und Inch

PHILLIPS-SCHRAUBENDREHER
passt für die Größen 1 und 2

DOSENÖFFNER
mit Schraubendreher-Spitze (3 mm)

STECH-BOHR-NÄHAHLE
einseitig geschliffen mit etwa 48 Grad

HOLZMEISSEL
am Rücken für leichte Stemmarbeiten, Breite: 4 mm

SCHRAUBENDREHER
am Rücken, Breite: 2,5 mm

KORKENZIEHER MIT MINI-SCHRAUBENDREHER
Korkenzieher mit vier Wendeln und Seele, ab Werk mit Mini-Schraubendreher mit 1,5 mm Breite

MEHRZWECKHAKEN
am Rücken mit einer Länge von etwa vier Zentimetern, Durchmesser: 3 mm

ÖSE MIT RING
bietet Anhängemöglichkeiten

PINZETTE, ZAHNSTOCHER, KUGELSCHREIBER UND STECKNADEL
bei den Plus-Modellen und diesem Swiss Champ sitzen diese Zusatzteile bereits ab Werk gut verankert unter den Schalen, die Stecknadel befindet sich etwas versteckt, aber auch gut greifbar beim Korkenzieher

Fischentschupper
Schere
Große Klinge
Phillips-Schraubendreher
Feile/ Metallsäge
Säge
Zange
Dosenöffner
Kleine Klinge
Stech-Bohr-Nähahle
Holzmeißel
Lupe
Kapselheber
Schlitz-Schraubendreher
Ring (Öse)
Mini-Schraubendreher
Korkenzieher
Mehrzweckhaken
Stecknadel
Pinzette
Zahnstocher
Kugelschreiber

Diese Handschellen haben zugeschnappt. Wie gut, dass irgendwo greifbar die Pinzette eines Schweizer Messers lauert …

1 Pinzette
Handschellen öffnen

Gelegentlich belächelt, kann die feine und trotzdem widerstandsfähige Pinzette durchaus zum echten „Lifesaver" werden. Etwa, wenn man sich einen Spreißel oder Dorn eingetreten hat und auf einer Wanderung nicht mehr weiterlaufen kann, wenn eine dringend benötigte Münze im Automaten hängen bleibt oder um sich mal eben bei einer Entführung von ein paar Handschellen zu befreien. Man findet die Pinzette in den meisten Victorinox-Taschenmessern – Ausnahmen sind Modelle mit Alox- oder Holzschalen, aber zumindest für letztere gibt es Tricks, wie man sie doch unterbringt.

Handschellen bestehen aus zwei miteinander verbundenen Metallringen, welche um die Handgelenke gelegt werden. Die Sicherung bei modernen Varianten findet mittels Einrasten in einen Schließmechanismus statt, der mithilfe einer Schlüsseldrehung wieder entsperrt wird. Der bewegliche Teil der Handschellen weist sogenannte Zahnrasten auf. Im Inneren des Schließteils befindet sich das stufenförmige Gegenstück, das durch Druck von oben oder eben durch die Drehung des Schlüssels nach unten bewegt werden kann.

Ein Arm der Pinzette kann so zwischen die Zahnrasten und das stufenförmige Federelement geschoben werden, dass die Handschellen ohne fremde Hilfe wieder geöffnet werden können. Dieser Trick funktioniert nachweislich an Handschellen von Smith & Wesson, Chicago, Peerless, Safariland und unzähligen anderen Herstellern.

ACHTUNG: Alternativ können fast alle Schlösser auch mit sogenannten Lockpicks geöffnet werden. Dafür ist jedoch deutlich mehr Übung erforderlich. Bei Handschellen mit Doppelschloss-Funktion – mit zusätzlicher Arretierung des Schließmechanismus', die gewöhnlich mit der Spitze des Handschellenschlüssels entriegelt wird – funktioniert der Flucht-Trick mit der Pinzette oder anderen international als „Shims" bekannten Hilfsmitteln nicht.

Einer der Pinzetten-Arme wird zwischen die Zahnrasten und das stufenförmige Federelement geschoben.

Das Einrasten in den Schließmechanismus wird unterbrochen – die Handschellen lassen sich öffnen.

2 Feile
Schrauben lösen

Die rund 1,7 Millimeter starke Feile am Schweizer Messer besitzt auf beiden Seitenflächen einen Hieb zum Abnehmen von Material an Holz und Metall. Die Rillen an der Unterseite wirken wie kurze Schneiden und ermöglichen es, mit der Feile auch Metall zu sägen. Beim originalen Schweizer Messer von Victorinox ist diese Kombination aus Feile und Säge wirklich besonders gut gelungen.

Was die wenigsten Menschen wissen, ist, dass die Spitze der Feile auch zum Drehen von kleinen Schrauben geeignet ist. Denn sie geht nicht in eine nadelfeine Spitze über, sondern ist leicht gerundet ausgeführt. Dadurch ist sie nicht so empfindlich und kann zudem benutzt werden, um bestimmte Kreuzschlitzschrauben und sogar Inbus-Schrauben zu drehen. Wenn man sonst nicht weiterkommt, ist die Feilenspitze immer einen Versuch wert. Bei diesem Kurzwellenradio zumindest konnten die kleinen Kreuzschlitzschrauben ganz einfach bewegt werden.

Immer einen Versuch wert – die leicht gerundet ausgeführte Spitze der Feile.

Kabel einlegen und zwischen den Fingern einmal komplett drehen ...

3 Klinge
Notspiegel

Eigentlich gehört in jedes Erste-Hilfe-Set auch ein kleiner Spiegel, denn es kann immer mal passieren, dass man allein ist und sich an Körperstellen untersuchen muss, die für die Augen nicht zugänglich sind. Das kann der Verdacht auf einen Zeckenstich irgendwo am Hinterteil sein, eine Verletzung im Gesicht oder ein Fremdkörper im Auge. Hat man keinen Spiegel dabei, tun es mitunter auch die polierten Flanken der Klinge des Schweizer Messers. Denn die sind wirklich so fein poliert, dass man sie wie einen Spiegel nutzen kann.

Wenn mal was ins Auge geht, wird die ab Werk sauber polierte Klinge des Schweizers zum Notspiegel.

4 Schere
Abisolieren

Handwerker mit viel Erfahrung nehmen zum Abisolieren von Kabeln entweder Spezialwerkzeug, oder sie klemmen das Kabel zwischen Daumen und Klinge, schneiden einmal rundum und ziehen das Kabel dann direkt ab. Es gibt jedoch eine absolut ungefährliche und präzisere Methode: Dazu legt man das Kabel in die nur leicht aufgeklappte Schere. Dann wird das Kabel einmal rundum gezwirbelt und direkt über die Schneiden der Schere abgezogen oder anschließend in die Abisolier-Kerbe des Kapselhebers gelegt, um das eingeschnittene Isoliermaterial abzustreifen.

... und über die Kerbe am Kapselheber (hier am Kombiwerkzeug) abstreifen.

Kabelbinder an die falsche Stelle gesetzt und keinen Ersatz parat? Kein Problem!

5 Pinzette

Kabelbinder öffnen

Kabelbinder wurden ursprünglich zum Bündeln von Kabeln verwendet, finden sich heute aber auch in vielen anderen Anwendungsbereichen, etwa im Baugewerbe zur provisorischen Montage, als Verpackungshilfsmittel oder im Polizeialltag zur Fesselung von Menschen. Das Verschlussprinzip beruht üblicherweise auf einem stufenförmig geformten Band und einer Sperre: An einem biegsamen, gerasterten Kunststoffstreifen befindet sich ein Kopf mit einer Öffnung, durch die das andere Ende des Streifens durchgeführt wird. Ein im Kopf sitzendes Rastelement greift dabei in die Rillen des Kunststoffstreifens, sodass das Band auf der gewünschten Länge verschließt. Das Zusammenspiel von Raste und Verzahnung bewirkt, dass sich der Kabelbinder nicht mehr zurückziehen und damit öffnen lässt. Allerdings ist es bei Kabelbindern mit einer Sperrzunge aus Kunststoff meist möglich, diese mit einem geeigneten Gegenstand zu entriegeln, wodurch die Schlaufe wieder geöffnet werden kann.

Im Beispiel werden die flachen Schenkel der Pinzette zwischen die Sperrzunge und die Rillen gepresst, wodurch sich der Kabelbinder zerstörungsfrei öffnen lässt. Wer keine Pinzette an Bord hat, kann sich auch mit der kurzen und schlankeren Klinge behelfen.

Der Verschlussmechanismus aus gerastertem Band und Raste mit Sperrzunge lässt sich überlisten.

Neben der Pinzette kann man die Sperrzunge auch mit dem Zahnstocher, der flachen Feile oder einem ähnlichen Tool entriegeln.

6 Säge
Verlängerte Säge

Manchmal muss man einfach hoch hinaus – etwa um einen weit oben liegenden Ast zu schneiden oder für einen Kuss der Geliebten einen Mistelzweig zu ernten.

Die Säge am Schweizer würde das mit Sicherheit packen, doch der eigene Arm ist zu kurz. Kein Problem mit diesem Trick, für den man sich zunächst einen Windbruch-Ast sucht oder einen niedriger wachsenden Ast schneidet. Den flacht man an einem Ende von beiden Seiten ab, sodass das Schweizer Messer später gut darauf liegt. Mit der Ahle bohrt man ein Loch durch den Ast. Die Position wählt man so, dass der Korkenzieher auf Höhe des Lochs liegt und die aufgeklappte Säge zugleich am Astende beginnt. Ist man von der einen Seite durch mit der Ahle, bohrt man von der anderen Seite am besten auch noch durch. Ahle einklappen und Korkenzieher auf. Den kann man nun einfach in das Loch eindrehen. Die Säge klappt man auf und fixiert den Griff mit Paracord oder Reepschnur oder was man eben zur Hand hat am Ast. Und nun kann gesägt werden.

Interesting Fact: Für die Griechen und andere Völker galt die Mistel als Zeichen der Götter, da sie zwischen Himmel und Erde wächst. Und Küssen unter einem

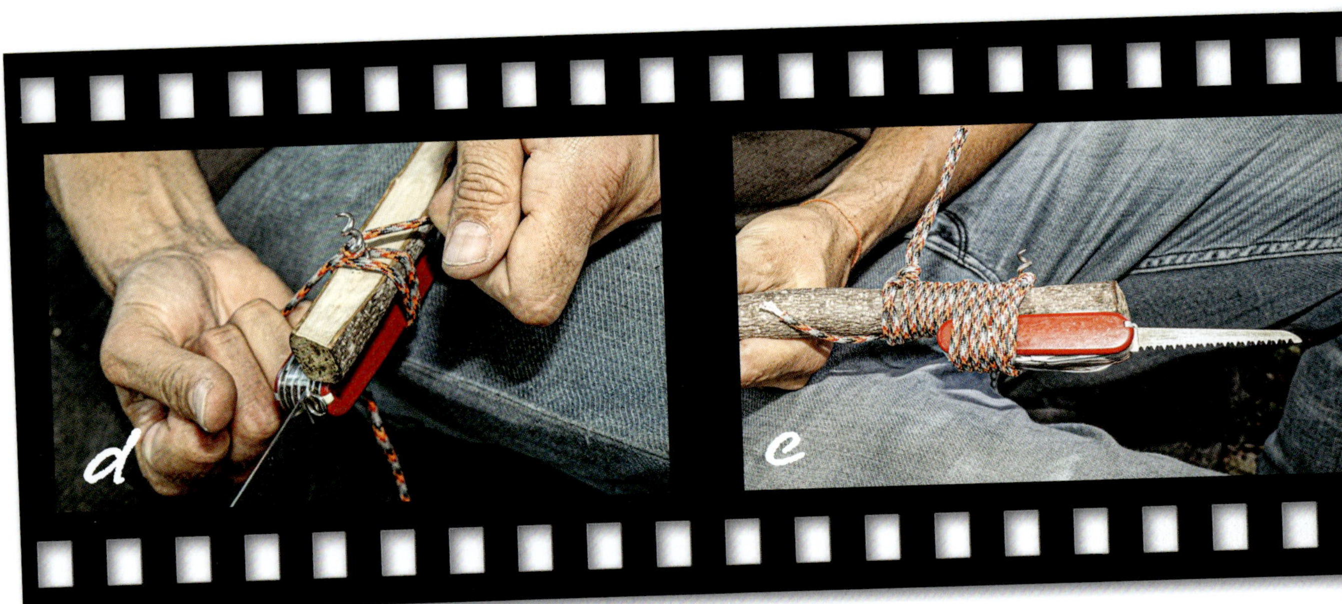

Mistelzweig soll Glück bringen. Wenn das mal der Baum aka „die Wirtspflanze" wüsste, von dem sich der zur Photosynthese fähige „Halbschmarotzer" mit seinen wurzelähnlichen Saugorganen ungefragt Wasser und Nährstoffe entnimmt.

Ein ausreichend langer Ast wird beidseitig am Ende abgeflacht (a).

Zunächst wird mit der Ahle ein Loch gebohrt, durch das dann der Korkenzieher passt (b).

Die Position des Lochs wird so gewählt, dass die Säge am Astende beginnt (c).

Zur Sicherung gegen Verrutschen oder gar Lösen wird das Schweizer Messer festgebunden (d+e).

Dank der Astverlängerung lassen sich nun auch weit oben liegende Äste oder Misteln schneiden (f).

Nachdem man sich Zugang verschafft hat, wird die Klinge halb eingeklappt.

Dreht man nun gegen den Uhrzeigersinn, wirken die Kräfte ins Innere des Messers und nicht gegen die Außenplatine.

7 Kapselheber
Hebeln und Aufbrechen

Zum Öffnen von Flaschen mit Kronkorken wird der Kapselheber stehend und in Ausrichtung der Längsachse benutzt. Will man jedoch eine zusammengenagelte Truhe öffnen oder fest miteinander verbundene Holzleisten auseinander stemmen, nutzt man ihn auf eine andere Weise.

Zunächst schafft man sich einen Zugang zwischen den verbundenen Teilen. Den Kapselheber setzt man dafür am besten mit der unteren Kante des Flachschlitzes an, was hilft, ein versehentliches Einklappen zu verhindern. Hat man sich Zugang geschafft, kann man nun einfach mit der Breitseite der Werkzeugklinge hebeln. Macht man es auf diese Weise, sollte man darauf achten, dass die Klingenwurzel des Kapselhebers, der ja grundsätzlich die äußerste Lage des Schweizer Messers bildet, auf den mehrlagigen Teil des Messers drückt und nicht gegen die nahe Außenplatine.

Felix Immler – Buchautor, Youtuber und Messer-Pädagoge – empfiehlt statt diesem Vorgehen das Einklappen des Griffs um 90 Grad, um die Bauteile dann – mit einer Drehung des Griffs entgegen dem Uhrzeigersinn – auseinander zu bewegen. Auch dabei wirkt die Hebelkraft ins Innere des Taschenwerkzeugs und nicht direkt gegen die Außenplatine, was die Wahrscheinlichkeit für entstehendes Klingenspiel erhöhen würde.

Das schafft einen weiten Zugang, der es ermöglicht, den Kapselheber nun wieder „stehend" anzusetzen. Den Griff drückt man dabei wie beim Öffnen einer Flasche entgegen der Einklapprichtung, was die Bauteile noch weiter auseinander bewegt. Sollte noch mehr Zugang benötigt werden, kann man den Kapselheber auch auf einem Stück Holz oder einem anderen harten Gegenstand aufsetzen.

Ist der Spalt
weit genug, kann der Kapselheber
hochkant angesetzt werden.

Müsste man die Planken
noch weiter auseinander hebeln,
könnte man etwas unterlegen.

8

Mehrzweckhaken

Schnürsenkel anziehen

Viele denken, dass der Mehrzweckhaken dafür gedacht ist, mit dünner Schnur gebündelte Postpakete zu tragen. Doch dieses Tool allein darauf zu beschränken, wäre deutlich zu kurz gegriffen, zumal in Deutschland viele Paketdienstleister wie DHL keine offen per Schnur gesicherten Pakete mehr annehmen.

Eine der vielen alternativen Verwendungen besteht darin, den Mehrzweckhaken zum Nachziehen der Schnürsenkel an Schuhen oder Stiefeln zu verwenden, etwa wenn man verletzt ist, klamme Finger hat oder Handschuhe trägt.

Der oft belächelte Mehrzweckhaken
ist äußerst vielseitig einsetzbar.

Der Kapselheber ist nicht nur für Kronkorken und Schlitzschrauben zuständig.

Auch 1/4-Zoll-Bithalter und ähnliche Formate passen darauf.

9 Kapselheber
Alternativer Bithalter

Nicht nur Heimwerker, auch Bike-Abenteurer, Roadies und Handwerker wünschen sich oft, sie hätten einen kompletten Bitsatz dabei – denn lang vorbei sind die Zeiten, wo es nur wenige Schraubentypen gab. Die gute Nachricht: Wer ein Schweizer Messer mit einem Kapselheber besitzt, kann sich einen Teil des kompletten Bit-Satzes sparen. Denn ein 1/4-Zoll-Bit-Treiber für Bits mit einem typischen Außendurchmesser von 6,3 Millimetern passt auf den Kapselheber des Armeemessers und ähnlicher Modelle. So kann man mit minimaler Ausrüstung sehr viel bewegen.

Interesting Fact: Einige Modelle wie das Victorinox Ranger 174 W Grip oder der Victorinox Ranger Boatsman MW Grip haben bereits eine 1/4"-Aufnahme im Griff integriert und werden mit langen Bits geliefert, die in dieses Sechskantloch greifen können. Standard-Bits mit einer Länge von nur einem Zoll sind allerdings schwer zu verwenden.

Und schon kann gedreht werden, was das Zeug hält.

10 Klinge

Blechdose schneiden

Um einen sogenannten Penny Stove (ein Alkoholkocher) aus einer Getränkedose herzustellen, muss die Blechdose exakt zugeschnitten werden. Der Schnitt sollte gleichförmig um die Dose laufen. Das bekommt man aber nicht hin, wenn man die Dose einsticht und dann einfach mit der Schneide rundum schneidet: Niemals könnte man dabei die gleiche Höhe halten, und noch dazu würde man die Dose mit hoher Wahrscheinlichkeit immer wieder eindrücken, und auch die Klinge würde unnötigerweise abstumpfen.

Stattdessen kann man das aufgeklappte Messer auf eine Holzlatte oder ein paar Magazine oder Bücher in der passenden Höhe legen, die Dose an der Klingenspitze ansetzen und die Dose dann gegen die Schneide mit ständigem Kontakt zur Spitze drehen. Dabei sollte man nur leicht drücken – lieber die Dose ein paar mal mehr drehen. Ziel ist nicht, die Dose damit schon zu schneiden. Stattdessen soll ein Einschnitt beziehungsweise eine Kerbe erzeugt werden, der sich dann gefühlvoll mit den Fingern brechen lässt.

Unterlage mit passender Höhe suchen …

… Dose gegen die Schneide und Spitze drehen …

… und die Dose am Einschnitt gefühlvoll abbrechen.

Eigentlich ist ein Taschenmesser nicht für schwere Holzarbeiten gedacht. Aber mit der richtigen Technik geht sogar Batoning.

11

Klinge

Batoning-Spalter

Wenn man in der Natur unterwegs ist und ein Feuer machen will, schlägt die Stunde des Batonings. Darunter versteht man das Spalten von Holz mit der Klinge, indem man diese durch wuchtige Schläge auf den Klingenrücken durchs Holz treibt. Das kann notwendig sein, um feineres Anzündmaterial zu erhalten. Oder man findet rundum nur nasses Holz und muss dieses erst einmal aufspalten, um ans trockene Innere zu kommen, das man dann zu Zunderlocken, sogenannten Feathersticks, schnitzt.

Nun ist das Batoning aber eine durchaus kontrovers diskutierte Methode, denn beim Durchschlagen wirken gewaltige Kräfte auf die Klinge, die Schneide und mitunter auch auf Griff und Mechanik. Manch einer würde das nicht einmal mit einem stabilen feststehenden Messer machen. Und das soll also mit einem bekanntermaßen feinen Schweizer Taschenmesser machbar sein?

Ja, das ist es. Allerdings muss man sich dafür einen Holzkeil als Hilfsmittel schnitzen. Den ersten Schlitz in den zu spaltenden Ast oder Holzscheit macht allerdings die Klinge. Die wird aber nur zur Hälfte ausgeklappt und dann mit der Schneide aufs Holz aufgesetzt. Klappt man die Klinge ganz heraus, dann beanspruchen die folgenden Schläge auf den Klingenrücken jedes Mal auch den Federmechanismus, was recht schnell zu unerwünschtem Klingenspiel oder anderen Schäden führt.

Die Klinge klopft man anschließend vorsichtig bis zum Klingenrücken ins Holz. Man kann auch einen kleinen Keil herausschlagen. Bei Messern mit Säge kann man den ersten Schnitt auch damit machen.

Besonders geeignet für den Keil sind harte Hölzer wie Schwarzdorn, Hartriegel oder Haselnuss. Man setzt den Keil am Spalt an und treibt ihn durch Schläge mit dem Klöpfel tief ins zu spaltende Holzstück, bis dieses entlang der Fasern auseinander bricht. Diese Strategie funktioniert sehr gut und macht es möglich, auch mit eher feinen Taschenmessern grobe Holzarbeiten zu verrichten.

Schritt 1:
Klinge nur halb ausklappen, aufsetzen und vorsichtig ins Holz schlagen, um einen ersten Zugang zu schaffen.

Schritt 2:
Einen Keil – am besten aus hartem Holz – schnitzen und mit Schlägen in den Spalt treiben. Das spaltet auch dicke Scheite zuverlässig.

12 Klinge

Bleistift spitzen

Im Englischen werden kleine Klingen, wie man sie meist auch am Schweizer Messer findet, Pen Blades genannt, weil man damit früher die Bleistifte (pencils) anspitzte. Und Bleistifte gibt es bereits seit mehr als 400 Jahren. Früher wurde dazu in den Schreibstuben teilweise sogar extra Personal angestellt. Selbst heute noch gibt es professionelle Bleistiftspitzer, wie der New Yorker David Rees in seinem Buch „How to Sharpen Pencils" (Die Kunst, einen Bleistift zu spitzen. Eine theoretische und praktische Abhandlung) humorvoll und interessant beschreibt.

Interesting fact: Ganz früher wurden mit den kurzen und präzise geschärften Pen Blades auch Federn zugeschnitten, um dann mit Tinte schreiben zu können. Darstellungen dieser speziellen Federkiel-Messer finden sich in unzähligen Bildern. Einst waren sie ein unverzichtbares Werkzeug des Schreibers (manche würden sagen, das wichtigste, denn ohne sie könnte die Feder nicht hergestellt werden), doch mit dem Aufkommen von Metallfedern wurden sie nicht mehr hergestellt und gerieten bald in Vergessenheit. Doch eine gute Federkielklinge ist nach wie vor ein unverzichtbares Werkzeug für Kalligraphen, die einen Stift aus einer Feder herstellen wollen, oder für Grafiker, die unterschiedliche Spitzen an ihren Bleistiften benötigen, um damit stilistische Merkmale zu setzen.

Für Spezialisten muss es statt dem Spitzer sogar die Klinge sein.

Man setzt ein gutes Stück hinter der Spitze an und bringt diese dann in die gewünschte Form.

Die scharfe Klinge muss man zum Feuermachen mit dem Stahl nicht behelligen.

13

Metallfeile

Funken schlagen

In der Outdoor- und Bushcraftszene gehört das Feuermachen zu den wesentlichen Fähigkeiten, die man beherrschen sollte. Schließlich kann ein Feuer den Unterschied machen zwischen (er-)frieren oder einer behaglichen Nacht und zwischen ungenießbarem oder trinkbarem Wasser. Ein Feuer kann Tiere auf Abstand halten (auch Stechmücken) und zur Signalgebung verwendet werden. Mit seiner Wärme kann man Lebensmittel zubereiten und seine Socken trocknen. Besonders beliebt zum Feuermachen sind sogenannte Mischmetallfeuerstähle. Im Outdooreinsatz sind sie zumindest als Backup zu Feuerzeugen oder Streichhölzern zu empfehlen, denn sie haben ihre Vorteile: Sie funktionieren auch bei tiefsten Temperaturen und wenn sie nass wurden.

Reibt man mit einer ausgeprägten Stahlkante, wie man sie am Schweizer Messer am Rücken der Säge oder der Feile findet, daran entlang, werden hauchfeine Späne abgerieben, die sich durch die Reibungsenergie so stark erhitzen, dass sie sich entzünden und in einem sprühenden Funkenregen auf den Zunder niedergehen. Die Funken des Mischmetallfeuerstabs sind bis zu 3.000 Grad Celsius heiß und bei geeignetem Zunder in der Lage, direkt eine Flamme zu erzeugen.

Den Feuerstahl setzt man schräg auf aufgeraute Birkenrinde oder das Zundernest auf und schiebt die scharfkantige Stahlkante kraftvoll aber kontrolliert nach unten. Oder man zieht den Stab zurück und hält die Kante stabil. Beim Zunder handelt es sich um einfach – im besten Fall nur durch Funken oder Glut – zu entzündendes Material. Das können Flugsamen sein von Pflanzen wie Löwenzahn, Distel oder Rohrkolben, die äußerste, fast durchsichtige Haut der Birkenrinde oder trockenes Moos. Lässt man Baumwolle unter Luftabschluss verkohlen, erhält man Charcloth, auch ein exzellentes Zundermaterial, das langanhaltend glimmt. Zum Prüfen, ob der Zunder trocken ist, sind die Lippen gut geeignet.

Der Zunder wird in ein luftig gebauschtes Nest gelegt. Alles, was trocken ist und wie Stroh aussieht, also auch Schilfgras, Lindenbast, trockenes Laub oder Gräser, kann dafür benutzt werden. Darüber kommt weiteres Brennmaterial wie dürre Pflanzenstängel und feines Reisig. Fein geschnitzte Holzspäne oder Feathersticks (auch Holzlockenstäbe genannt) und Birkenrinde eignen sich ebenfalls sehr gut. Erst danach legt man bleistift- und fingerdicke Äste auf.

Das Ziel ist es, mit dem glimmenden Zunder das Zundernest zu entzünden, das dann wiederum die trockenen Auflagen zum Brennen bringt. Dieses kleine Feuer füttert man nach und nach mit dünnen Ästen (ausreichend Vorrat bereit halten), bis eine ordentliche Glut entsteht. Darauf legt man dann behutsam immer dicker werdendes Holz auf. Genügend Sauerstoffzufuhr, also Pusten, ist entscheidend beim Anfeuern.

Kein Korkenzieher? Kein Problem! Klinge so tief wie möglich versenken und halb einklappen.

Drehen und ziehen löst den Korken, ...

... auch wenn er dann meist nicht unbeschadet aussieht.

14 Klinge
Korken ziehen

Louis Pasteur, der französische Chemiker und Mikrobiologe, könnte ohne Frage recht haben mit seiner Bemerkung, dass „in einer Flasche Wein mehr Philosophie steckt als in allen Büchern dieser Welt". Doch auf dem Weg zur Erkenntnis gibt es regelmäßig ein zu bewältigendes Hindernis – der Korken muss raus.

Das Öffnen einer guten Weinflasche ist fast schon ein Ritual: Zunächst wird die Kapsel deutlich unterhalb des Flaschenmundes eingeschnitten und entfernt. Der Korkenzieher wird exakt mittig und vertikal präzise ausgerichtet aufgesetzt, um mit ein paar Drehbewegungen tief im Korken versenkt zu werden. Ein kräftiger Zug, und der Korken verlässt geräuschvoll den Flaschenhals. Noch bevor sich der Gastgeber den ersten Test-Schluck einschenkt, wird der Korken vom Korkenzieher entfernt und auf seinen Geruch überprüft. Erst dann ist der Wein bereit, serviert und degustiert zu werden.

Kork wurde vermutlich bereits in der Antike zum Verschließen von Amphoren verwendet und erfuhr im 16. Jahrhundert eine Renaissance. Zu dieser Zeit kamen verstärkt Glasflaschen in Umlauf, deren Inhalt – Parfüm, Öle, Arzneitinkturen, Bier und auch Wein – mit Korken luftdicht abgeschlossen werden konnte.

Zum Entfernen der „Korkzapfen" nutzte man neben Hebelwerkzeugen und Dornen, die den Korken meist recht unsanft und nicht gerade ästhetisch entfernten, schon früh Gewindewerkzeuge. Das erste Patent für einen Korkenzieher ging 1795 an den Engländer Samuel Henshall. Sein besonderer Kniff: Oberhalb des Korkenzieher-Gewindes war eine Scheibe angebracht, die zum einen ein übermäßig tiefes Eindrehen der Spirale verhinderte und zum anderen so fest auf dem Korken saß, dass dadurch ein weiteres Drehen der Spirale zur Bewegung des Korkens und damit zu verminderter Anhaftung führte. Auf diese Weise war beim anschließenden Ziehen weniger Kraftaufwand nötig.

Es folgten viele weitere Ausführungen. Karl Elsener zum Beispiel entwickelte für die Schweizer Offiziere ein leichtes und vor allem elegantes Messer, das nebst der Klinge, der Bohrahle, dem Dosenöffner und dem Schraubenzieher des Soldatenmessers noch zusätzlich eine zweite kleinere Klinge, auch Radierer genannt, und einen Korkenzieher enthielt. Dieses neue Modell eines Taschenmessers mit nur zwei Federn für sechs Klingen nannte er „Offiziersmesser" und ließ es am 12. Juni 1897 gesetzlich schützen.

Es soll ja Menschen geben, die ein Schweizer Messer vor allem wegen dem Korkenzieher haben. Doch wer ein Modell ohne besitzt, kann sich auch anderweitig helfen: Dazu die Klinge so weit wie möglich in den Korken drücken. Dabei vorsichtig vorgehen, damit die Klinge nicht versehentlich einklappt und die Schneide nicht an den Glasrand stößt, was sie abstumpfen würde. Unter langsamem Drehen und gleichzeitigem Ziehen kommt der Korken dann raus. Er sieht vielleicht nicht mehr so perfekt aus und muss zum Schluss mit den Zähnen gezogen werden, aber hey, Hauptsache der Weg zur Erkenntnis ist frei. Und sollte alles nichts helfen, kann man den Korken in den Flaschenhals drücken – als Teenager hat uns das ja auch nicht gestört. (:-)

Mit einem „eleganten" Zupacker kann der Korken gezogen werden, sollte er nicht ganz rausgekommen sein.

15 Mehrzweckhaken – Trampolin spannen

Jedes Frühjahr und jeden Herbst beginnt die Suche in vielen Haushalten aufs Neue. Was gesucht wird? Na der Haken zum Spannen der Trampolinfedern, um das Trampolin entweder aufzubauen oder über die kalten und nassen Wintermonate einzumotten. Sollte man diesen Haken nicht finden, bieten viele Schweizer-Messer-Modelle Abhilfe in Form des Mehrzweckhakens, den man dann so greift, dass er zwischen Mittel- und Ringfinger liegt. Und schon kann gespannt werden.

Die Suche nach dem Trampolinspanner hat ein Ende – zumindest, wenn am Schweizer ein Mehrzweckhaken sitzt.

Die Ahle am Schweizer Messer kann mehr als nur Löcher bohren.

16 Ahle
Tuch oder Leder nähen

Um schweres Tuch wie Waxed Cotton oder Canvas zu nähen oder um Leder-Ausrüstung zu reparieren, kann man gut mit starken Fäden und einer Ahle arbeiten.

Die Ahle gehört fast schon zur Grundausstattung an jedem Schweizer Messer. Sie ist speziell geschärft, um Löcher in Holz oder Metall bohren zu können, doch sie ist auch gut für den Durchstich von Stoffen geeignet. Bei einer Vielzahl von Modellen (ausgenommen sind etwa die Alox-Pioneer-Modelle von Victorinox) besitzt die Ahle ein Öhr, durch das man den Nähfaden schieben kann.

Zum Nähen kann man sich die spätere Nahtführung anzeichnen, oder man arbeitet nach Gefühl. Der Faden wird eingefädelt und mitsamt der Ahle auf die andere Seite der zu verbindenden Materialien (in diesem Fall zwei Lederstücke) gebracht.

Im Grunde sticht man nun einfach mit dem Oberfaden Schlaufen durch den Stoff und sichert diese auf der anderen Seite mit dem Unterfaden. Man macht den ersten Stich und lässt die Ahle eingestochen. Dann fasst man das Fadenende und zieht es doppelt so lang wie die Naht werden soll durch das Einstichloch. Der Faden bleibt dabei im Öhr der Ahle.

Der Teil des Fadens, der durchgezogen wurde, wird als Unterfaden bezeichnet, der andere Teil ist der Oberfaden.

Der Unterfaden wird festgehalten, während man die Ahle zurückzieht. Es folgt der zweite Durchstich. Die Ahle wird so weit zurückgezogen, dass eine Schlinge in dem zuletzt durchgeführten Garn entsteht. Durch diese Schlinge wird der Unterfaden gesteckt. Indem man den Unterfaden festhält, wird die Ahle zurückgezogen. Die Naht wird dabei vorsichtig straff gezogen.

Und so geht es weiter bis zum letzten Stich, für den man den Ober- und Unterfaden miteinander verknotet oder vernäht.

Wer's genau haben will, zeichnet sich die Nahtführung an ...

... oder prägt sie mit dem kleinen Stemmmeißel ein.

Nähgarn einfädeln, auf die andere Seite bringen ...

... und doppelt so lang wie die spätere Naht durchziehen. Dann die Ahle mit eingefädeltem Oberfaden durchs zweite Loch stecken.

Durch die Schlaufen wird der Unterfaden gezogen. Am Schluss wird verknotet.

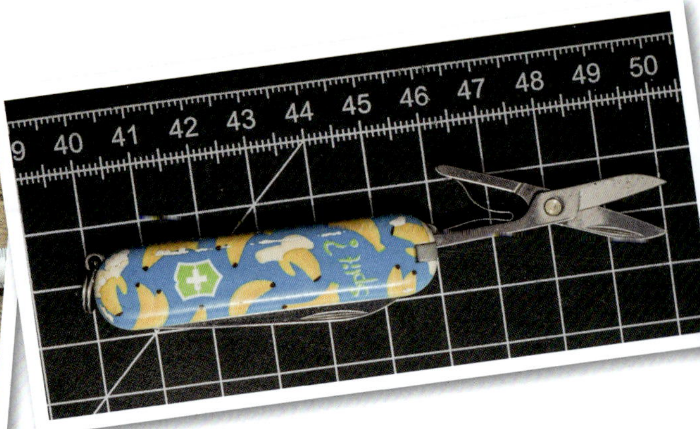

17 Messer

Improvisiertes Längenmaß

Die Distanz zwischen den Klingenspitzen bei den 91-Millimeter-Modellen von Victorinox beträgt exakt 20 Zentimeter. Und wenn man beim kleinen Classic die Schere aufklappt und bis zur Öse für den Schlüsselring misst, landet man bei fast genau zehn Zentimetern.

18 Mehrzweckhaken

Schraubhaken drehen

Beim Drehen von Schraubhaken oder auch L-förmigen Schrauben geht einem mit den Fingern leicht die Kraft aus, wenn man tiefer kommt - oder es drückt reichlich unangenehm. Hier kann der Mehrzweckhaken eines Schweizer Messers wahre Wunder wirken, indem man ihn durch die bogenförmige Öffnung steckt und das gebogene Ende des Hakens so an der Schraube verankert, dass der Haken nicht allzu leicht versehentlich rausrutscht. Er erleichtert durch die Hebelwirkung auch die Kraft, die man zum Drehen aufbringen muss. Auch der Kapselheber kann dafür verwendet werden.

So bekommt man deutlich mehr Kraft auf Schraubhaken und tut sich nicht weh.

19 Klinge
Signalspiegel

Um in einer Notlage auf sich aufmerksam zu machen, gibt es mehrere Möglichkeiten. Man kann zum Beispiel schreien oder pfeifen. Nur geht einem irgendwann die Stimme beziehungsweise Puste aus, und die Reichweite von akustischen Signalen ist auch beschränkt. Sehr gut geeignet zur Überbrückung größerer Distanzen ist die visuelle Signalisierung. Dazu gibt es spezielle Signalspiegel, die oft aus glänzendem, bruchresistentem Kunststoff bestehen und ein Loch in der Mitte haben. Damit reflektiert man das Sonnenlicht und lenkt es an ein entferntes Objekt wie ein Schiff, ein Flugzeug oder einen Helikopter oder an eine menschliche Siedlung. Steht die Sonne hoch, kann man das Licht in praktisch jede beliebige Richtung lenken. Mittels Hindurchsehen durch das Loch wird das Objekt anvisiert und verfolgt.

Nun glänzt und reflektiert eine Schweizer Messerklinge zwar, doch ein Loch zum Visieren hat sie nicht. Aber man kann sich anders behelfen, und zwar mit der anderen, ausgestreckten Hand. Das Ziel sollte sichtbar direkt über einer markanten Stelle der Hand liegen. Nun lenkt man den Lichtstrahl zunächst auf die Hand und lässt den Lichtreflex von unten nach oben beständig zur anvisierten Stelle wandern. Eine andere Methode besteht darin, die Finger der anderen Hand V-förmig zum Peace-Zeichen zu spreizen. Damit dann das Ziel anvisieren und das von der Sonne reflektierte Licht zwischen die gespreizten Finger wandern lassen. Lichtsignale sind weitreichend und können im Idealfall fünf bis zehn Kilometer überwinden. Spätestens die Erdkrümmung limitiert die Reichweite jedoch.

Einfallwinkel gleich Ausfallwinkel – mit der polierten Klinge des Schweizer Messers kann man Lichtsignale senden.

Seil statt Einweg-Pfand: Plastikmüll findet man mittlerweile leider fast überall auf der Welt. Im Notfall kann man sich daraus ein Seil schneiden.

20 Klinge
Seil aus PET-Flasche

PET-Flaschen der stabileren Art können nicht nur gegen 25 Cent Pfand eingetauscht werden, sie können auch zu hilfreichen Gegenständen weiter verarbeitet werden. Um ein Seil daraus zu machen, schneidet man den Boden ab und stülpt die Flasche anschließend über einen dünnen Ast, der in der Erde steckt. Eventuell ist es leichter, auch noch den Flaschenhals abzuschneiden.

Um das Ganze etwas geschmeidiger zu machen, kann man den Ast auch in eine Holzauflage stecken, in die man zuvor mit der Ahle und der Säge ein Loch gebohrt und geschnitten hat.

Dann schneidet man von unten her leicht schräg in die PET-Flasche ein, und zwar soweit, dass man den Beginn des Einschnitts gut greifen kann. Die Klinge befindet sich leicht schräg gestellt mit der Schneide entgegen der Zugrichtung im Einschnitt. Zieht man nun am hervorstehenden Ende des Einschnitts, drückt sich die Flasche gegen die Schneide. Indem man weiter zieht, schneidet man die sich nun drehende Flasche stetig ein – und erhält am Ende ein paar Meter Seil, mit denen man wirklich etwas anfangen kann. Etwas breiter geschnitten, kann es ein Gewicht von eineinhalb Zentnern aushalten. Man kann das Ganze auch freihändig schneiden, wenn man ein ruhiges Händchen hat, oder man bastelt sich mit dem Deckel eine Führung ähnlich einem Gemüseschäler.

Die Zutaten für ein paar Meter Seil findet man fast überall.

Die Plastikflasche so kürzen, dass gleichmäßig geschnitten werden kann.

Ist der Flaschenhals zu dünn für den Stock, schneidet man ihn einfach ab.

Die Kunststoffflasche wird von unten her schräg eingeschnitten …

… und dann um den Stock drehend gegen die leicht schräg gestellte Schneide des Schweizer Messers gezogen.

Wer behutsam vorgeht, erhält am Ende ein paar Meter belastbares Seil.

Tipp: Führungshilfe

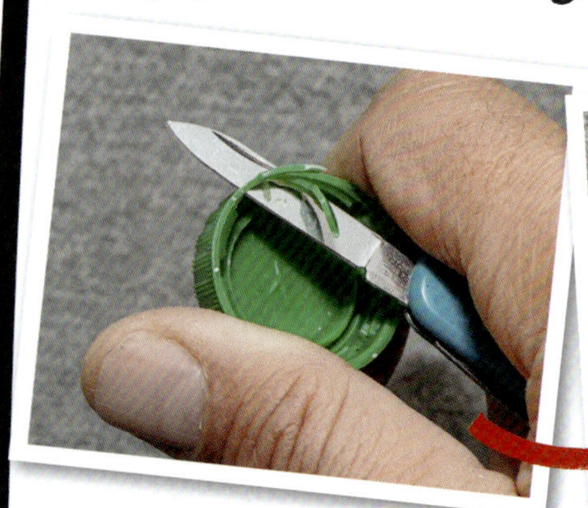

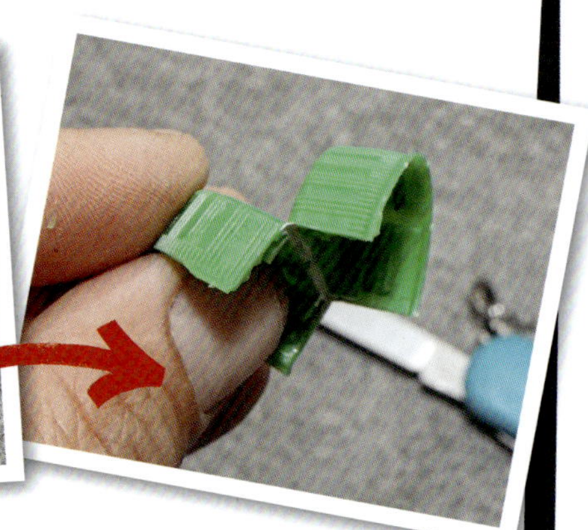

Aus dem Deckel der Flasche lässt sich für freihändiges Schneiden eine Führungshilfe basteln. Er wird gegenüberliegend eingeschnitten, umgeklappt und durchstoßen.

21 Klinge
An Porzellan schärfen

Die Klinge eines Schweizer Messers besteht aus rostbeständigem und verschleißfestem Stahl. Letzteres bedeutet, dass die Härte und die Bestandteile des Stahls dazu führen, dass die Klinge länger scharf bleibt. Dennoch wird jede Klinge früher oder später stumpf. Dabei wird die V-förmige und nur Hundertstel Millimeter starke Schneidkante durch Abrieb abgetragen und dabei dicker. Um die ursprüngliche Schärfe wieder herzustellen, muss man seitlich Material abnehmen und das „V" wieder exakt formen. Dazu braucht man Schleifmedien, die härter als der Stahl sind oder zumindest so harte Bestandteile besitzen. Die auf rund 55 bis 57 HRC (Härte Rockwell C) gehärteten Klingen von Schweizer Messern kann man oft schon an den unglasierten Bodenwölbungen oder Kanten von Porzellantassen schärfen, sofern sie noch nicht zu stumpf sind. Es funktioniert!

Die Klinge wird in einem Winkel von rund 20 Grad aufgesetzt. Das ist ein guter Schärfwinkel.

Dann zieht man die Klinge auf ganzer Länge beidseitig gegen die Schneide ab.

22 Fischentschupper und Feile
Tuben-Aufroller

Es ist erstaunlich, wie oft man sich noch mit dem in einer Zahnpasta-Tube verbliebenen Rest die Zähne putzen könnte - und zwar nachdem durch Quetschen mit den Fingern und allen möglichen Verrenkungen schon längst nichts mehr rauskommt. Nachhaltig oder ökonomisch sinnvoll ist es nicht, die Tube dann einfach zu entsorgen. Besser: Man schneidet sie auf, oder - was viel eleganter ist - man klemmt das Ende zwischen Fischentschupper und Feile und rollt das Ganze auf.

23 Kapselheber
Vakuum-Einweggläser öffnen

Wie viele Buttermesser wohl schon abgebrochen sind bei dem Versuch, das Vakuum in Einmachgläsern zu lösen? Viel leichter und auch sicherer geht es mit dem Kapselheber des Schweizer Taschenmessers, den man wie an einer Cola- oder Bierflasche ansetzt. Sobald es knackt, ist das Vakuum durchbrochen, und der Schraubverschluss kann händisch gedreht werden.

24 Kapselheber
Nägel ziehen

Um Nägel ohne Nageleisen zu ziehen, die ja einen Schlitz und ein gewölbtes Ende besitzen, kann man auch den Kapselheber benutzen. Zunächst mal arbeitet man sich mit der Schraubendreherkante des Kapselhebers unter den Nagelkopf, um sich einen Zugang zu schaffen. Das Hebeln damit wird jedoch kaum gelingen, da zumindest ein kompakter Nagelkopf leicht abrutscht. Stattdessen arbeitet man sich mit der Kerbe zum Abisolieren direkt unter den Kopf vor und hebelt dann über die Kante des Schraubendrehers nach oben. Für besonders lange Nägel muss man eventuell nachsetzen und etwas zum Hebeln unterlegen.

Mit der vorderen Kante und der Abisolierkerbe des Kapselhebers lassen sich Nägel erstaunlich gut ziehen.

Allein auf einer einsamen Insel wäre es doch großartig, wenn man Angeln könnte. Das Schweizer Messer macht das möglich.

25 Öse, Schlüsselring & Kapselheber

Angelhaken herstellen

Um enge Radien in einen Draht zu biegen, benötigt man einen stabilen Umlenkpunkt. Finger sind dafür aufgrund ihrer Breite und Schmerzempfindlichkeit nicht geeignet. Sofern der Draht in die Kerbe des Abisolierers am Kapselheber passt, kann man diesen verwenden, um exakte Biegungen zu erzeugen – oder die Öse, an der der Schlüsselring sitzt.

Den Schlüsselring selbst kann man mit wenigen Handgriffen zu einem improvisierten Angelhaken biegen. Zunächst einmal klappt man eines der offenen Enden nach unten, während der Splitring noch am Messer hängt. So erhält man eine „offene 8". Das offene Ende wird auf einem Stein oder mit der Feile angeschärft und anschließend mit der Zange oder Abisolier-Kerbe so streng wie möglich nach hinten gebogen. Mit Angelhaken wie diesen ist es wichtig, den Fisch in einem Zug aus dem Wasser zu ziehen, da ein echter Widerhaken fehlt. Das geht bei kleineren Fischen, die in Survivalsituationen oft leichter zu erwischen sind, in der Regel sehr gut – dann fängt man eben mehrere für die Bouillabaisse. Die Schlüsselringe am Victorinox sind sehr stramm, gut für den Halt der Schlüssel, nur sollte man es beim Biegen nicht übertreiben, sonst bricht der Ring. Am besten zu Hause ausprobieren oder gleich einen richtigen Angelhaken mitführen (Hack 84).

Der Schlüsselring kann mehr, als man ihm zutraut.

Am offenen Ende wird der Schlüsselring aufgebogen …

… und dann mit der Öse oder der Abisolierkerbe am Ende zurückgebogen.

Die Spitze kann an einem Stein oder der Feile des Schweizer Messers geschärft werden. An der Rundung kann man die Angelleine (Hack 51) befestigen.

26 Messer Tragehilfe

Das zugeklappte Messer lässt sich hervorragend als Schutz gegen das Einschneiden der Griffe beim Tragen schwerer Plastiktüten oder von Einwegflaschen-Packs benutzen. Dazu einfach den Messergriff in die Schlaufen legen und beides mit der Hand umfassen.

Eingeschnürte Finger gehören dank des Schweizers der Vergangenheit an.

Es darf geraspelt werden – auch Muskatnüsse reibt die Säge für den perfekten Geschmack auf.

27 Säge Aufreiben

Als behelfsmäßige Reibe für Lebensmittelquellen lässt sich die Säge sehr gut einsetzen, entweder mit dem scharfkantigen Rücken oder der Sägezahnung. Das funktioniert gut bei Muskatnüssen (hier mit der Sägezahnung), aber auch zum Reiben von Schokolade oder zum Schälen von Karotten (dann am besten mit dem Rücken).

Mit ihrem kantigen Rücken nimmt es die Säge fast mit einer Parmesanreibe auf.

Das RescueTool von Victorinox ist großartig – im Notfall kann man sich aber auch anderweitig behelfen, um Gurte zu kappen oder Glas zu brechen.

28 Schlüsselring Glasbrecher

In einem 2024 für die Zeitschrift MESSER MAGAZIN durchgeführten Test von Mehrzweckmessern aus internationaler Herstellung wurde deutlich, dass viele davon mit einem Glasbrecher ausgestattet sind. Der Hersteller des originalen Schweizer Messers hat genau ein solches Modell im Programm: Das RescueTool wurde mit der Berufsfeuerwehr entwickelt und ist definitiv eines der besten Rettungsmesser auf dem Markt. Es ist allerdings auch relativ groß und schwer. Wer an seinem normalen Schweizer einen Glasbrecher haben will, kann dazu auf ein Anhängsel in Form eines elastischen Bands zurückgreifen, an dem eine Perle oder Scheibe aus Wolframkarbid sitzt. Dieses Material ist hart und pointiert genug, um Einscheiben-Sicherheitsglas, wie man es an den meisten Kfz im Seitenbereich findet, zu zerschmettern. Und ein Lanyard am Messer macht sich immer gut als Ziehhilfe, zusätzliche Sicherung oder um Weidezäune anzuheben (Hack 30). Diese Glasbrecher-Perlen findet man über eine Google-Suche nach Glasbrecher-Armband oder Ähnlichem.

Der Glasbrecher des originalen Schweizer RescueTools und Scheiben aus Hartmetall an Gummibändern.

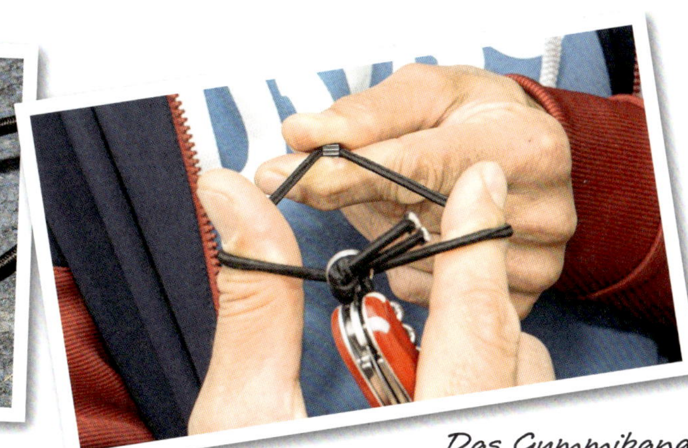

Das Gummiband beschleunigt den Glasbrecher, sodass Kfz-Sicherheitsglas beim Aufprall bricht.

Die messererprobten Skandinavier greifen ihre Outdoormesser für Detailarbeiten oft an der Klinge.

Das kann man auch mit dem Schweizer Messer machen. Wichtig ist dabei, die Klinge fest zwischen Daumen und Zeigefinger zu klemmen.

29 Klinge Löcher bohren

Schweizer Taschenmesser haben komfortable Griffe, die bei vielen Arbeiten hervorragende Dienste leisten, etwa beim Schneiden und Schnitzen. Manchmal jedoch ist es besser, den Griff außen vor zu lassen. Das ist oft bei Detailarbeiten der Fall, bei denen Präzision gefragt ist. Oder bei Arbeiten im Holz, bei denen die Klinge versehentlich einklappen könnte.

In diesen Fällen ist es oft besser und sicherer, wenn man die Klinge direkt greift, indem man sie mit dem Daumen gegen den Zeigefinger presst. Ein fester Griff ist notwendig, damit man nicht in Richtung Schneide abrutscht. Auf diese Weise kann man Mulden in Holz schnitzen und ausarbeiten oder Kunststoffmaterialien gezielt einschneiden.

Das Kurzgreifen bietet sich auch fürs Bohren und für Holzarbeiten an, …

… etwa um eine Mulde beim Feuerbohren anzulegen und auszuarbeiten.

30 Kapselheber
Weidezaun anheben

Metalle leiten den Strom, Kunststoffe nicht. Eine einfache Formel, die so manchen zu der Annahme treibt, auch ein Schweizer Messer würde keinen Strom leiten. Wer das Experiment wagt, einen unter Strom stehenden Weidezaun anzuheben, sodass der Wanderpartner darunter durchklettern kann, bekommt jedoch meist eine „gewischt". Und das auch wenn man peinlich genau darauf achtet, nur die Griffschalen aus Cellidor zu berühren.

Es gibt eine bessere Methode: Wer einen Lanyard an seinem Messer hat – zum Beispiel eine elastische Cordschnur mit einer Glasbrecherperle daran (Hack 28) – kann sein Messer daran festhalten, um den Zaun anzuheben. Das funktioniert bestens ohne Stromschläge.

Der „wagemutige" Selbstversuch verursacht so manche unfreiwillige Zuckung.

An der Kordel gehalten, lässt sich der unter Strom stehende Weidezaun mit dem Messer anheben.

31 Lupe
Feuer machen

Die Lupe am originalen Schweizer Taschenmesser ist nicht nur geeignet, um Dinge zu vergrößern, sondern auch zum Feuer machen. In dieser Funktion wird die Lupe zum Brennglas. Die Konvexlinse bündelt die einfallenden Sonnenstrahlen und erhöht auf diese Weise die Energiedichte des Lichts so stark, dass die Zündtemperatur von bestimmten Materialien erreicht wird.

Der „schnelle" Erfolg ist allerdings von der Größe der Lupe – und die ist beim Schweizer Messer eher gering – und der Kraft des Sonnenlichts abhängig, die im Sommer zur Mittagszeit am höchsten ist. Je früher oder später am Tag oder des Jahres, wenn die Sonne tiefer steht, wird es schwieriger. Dann bedarf es eines ganz ruhigen Händchens, um den Fokuspunkt zu halten, und vor allem des passenden Zunders.

Wichtig für den Erfolg ist, dass der Zunder richtig trocken ist. Geeigneter Zunder sind trockene Blätter oder Brennnesselfasern, die man so fein wie möglich – zum Teil fast staubförmig mit Hilfe von Steinen – zerreibt und dann kompakt bündelt. Auch Kohle wird ganz fein gedrückt. Kohlestaub eignet sich auch, um trockene Flugsamen oder Zeitungspapier dunkler zu machen, denn je dunkler der Zunder, desto heißer wird er.

Zeitungspapier wird mehrfach geknüllt und vielfach eingerissen, ein weißes, glattes Papier wird keinen Erfolg bringen. Härtere Materialien wie Punk Wood (morsches, oft helles Holz von abgestorbenen Bäumen, das von einem Pilz fasrig zersetzt wurde) oder der bekannte Zunder-Pilz werden aufgerieben. Das geht mit der Säge gut. Auch dieses Pulver fügt man dann kompakt zusammen, eventuell in der Kuhle in einem Stück Holz. Glimmt dieser besonders feine Zunder, kann man damit trockene Gräser oder aufgeriebene Birkenrinde entzünden.

Um das Maximum der Solarenergie herauszuholen, müssen die Sonnenstrahlen im rechten Winkel in die Lupe einfallen. Steht die Sonne nicht direkt über einem, sollte man sein Zunderbündel also höher legen. Der Fokuspunkt der Linse sollte möglichst klein, rund und geschlossen sein. Wichtig ist natürlich auch die Vorbereitung des späteren Feuers mit vielen feinen und trockenen Ästen und später stärkeren Kalibern. Gut geeignet, um die ersten Flammen zu nähren und zu stärken, sind fein zu Locken geschnitztes, trockenes Holz und trockenes Gras. Wichtig ist auch, dass die Flammen genügend Sauerstoff bekommen, daher die ersten Lagen nicht zu kompakt „schnüren".

Vor der Arbeit mit dem Brennglas steht die wichtige Aufgabe, das Feuer gut vorzubereiten. Die ersten Flammen wollen schließlich genährt werden (a).

Trockene und möglichst fein geschnitzte Holzlocken sind dafür sehr gut geeignet (b).

Auch die feine Außenhaut der Birkenrinde ist hervorragend dazu geeignet, die ersten Flammen zu stärken (c).

Je größer die Lupe, desto schneller und besser geht das Bündeln der Sonnenstrahlen. Mit der kompakten Lupe des Schweizer Messers braucht man gute Bedingungen (d)!

Der Fokuspunkt muss möglichst klein und scharf umrissen sein, nur so konzentriert man die Sonnenkraft optimal. Oftmals hilft es, den Zunder, hier trockene Blätter, fein zu zerreiben (e).

Das Messer wird an einem Stab befestigt, dann kommt die Schlaufe über die Zange.

32 Zange

Improvisierter Greifarm

Wer hat sie nicht genau vor Augen? Die Hausmeister der Schulen, die damals Müll mit einem langen Greifarm vom Boden aufhoben und in einen Eimer fallen ließen – oder die die Verursacher des Mülls durch Zwicken mit ihren Handverlängerungen bestrafen wollten.

So etwas ähnliches kann man sich auch mit einem Schweizer Messer mit Zange konstruieren. Zunächst muss der Griff mit aufgeklappter Zange fest an einem Stock verschnürt werden (Hack 6). Dann knüpft man eine kurze Schlaufe in ein langes Stück Schnur und legt diese über die Backen der ausgeklappten Zange. Zieht man nun am Seilende, rutscht die Schlaufe über die Griffe und drückt diese zusammen, wodurch sich die Backen schließen.

Zieht man am Seil, rutscht die Schlaufe über die Arme der Zange, die sich dabei schließt.

33 Zange
Dritte Hand

Wer sich glücklich schätzen kann, ein Schweizer Messer mit Zange zu besitzen, hat damit praktisch eine dritte Hand, die einem bei vielen Arbeiten helfen kann. Das zu haltende Teil wird zwischen die Zange gelegt, die dann über den Griffhebel mit einem Gummiband oder Knoten verschlossen wird.

34 Kleine Feile
Dosenöffner

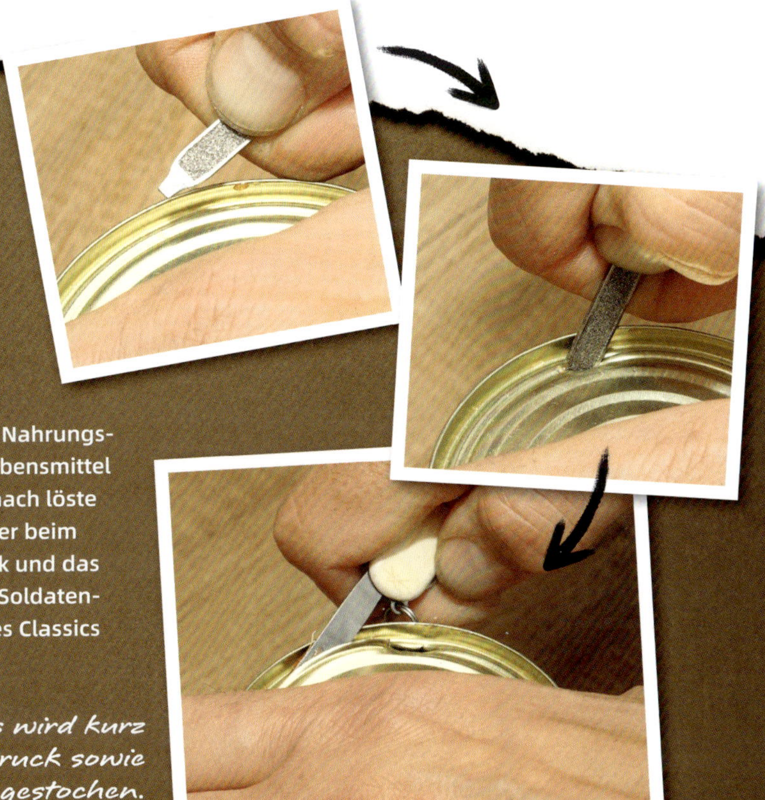

Der Franzose Nicolas Appert erfand um 1810 herum ein Verfahren zur dauerhaften Haltbarmachung von Nahrungsmitteln: Es basiert auf der Wärmebehandlung der Lebensmittel in einem luft- und wasserdichten Gefäss. Nach und nach löste diese Verpflegung in Konservendosen auch das bisher beim Militär übliche Pökelfleisch, den Speck, den Zwieback und das Brot ab. Und so kam der Dosenöffner ans Schweizer Soldatenmesser. Doch selbst mit der kurz gegriffenen Feile des Classics kommt man an die eiserne Ration.

Die Nagelfeile des Classics wird kurz gegriffen und unter festem Druck sowie Hin-und-her-Bewegen eingestochen. Dann umdrehen und das Blech von unten her aufstemmen.

In die Rundung des Kapselhebers passt ein Magnet mit sechs Millimeter Durchmesser.

35 Messer
Magnet integrieren

So viele Werkzeuge ein Schweizer Messer auch besitzt – offiziell hat das am umfangreichsten ausgestattete Victorinox-Messer 73 klar definierte Funktionen –, ein bisschen mehr geht doch immer. Sinnvoll und einfach umzusetzen ist die Integration von scheibenförmigen Magneten ins Messer. Sie passen ganz hervorragend in die Innenkrümmung des Mehrzweckhakens (Durchmesser: 3,0 mm) oder des Kapselhebers und des Dosenöffners (Durchmesser: 6,0 mm).

Und wer einen Magneten an Bord hat, kann damit viele andere sinnvolle Dinge anstellen, wie zum Beispiel auf dem Grund von Gullis verloren gegangene Schlüssel zu bergen. Relativ leichte Schlüsselbunde wie im Bild ganz rechts lassen sich auch mit einem 6-Millimeter-Magneten bergen.

In die Krümmung des Mehrzweckhakens passen Magnete mit drei Millimeter Durchmesser.

Manchmal kann es vorkommen, dass der Magnet lieber zwischen den Griffschalen steckt, als im Kapselheber zu bleiben. Doch mit der Pinzette haben die Schweizer direkt ein „Bergewerkzeug" an Bord.

Der Mastwurf ist ein einfacher und sehr sicher schließender Knoten, um den Dosenöffner mit einem Seil zu verbinden. So kann man das Schweizer Messer in die Tiefen eines Gullis gleiten lassen, ohne einen Totalverlust befürchten zu müssen. Für diesen Schlüsselbund reicht ein 6-mm-Magnet.

Unterwegs kann man die Klinge – lieber den Kapselheber – mit der Flamme eines Feuerzeugs erwärmen.

Anders als im wohltemperierten Wasserbad entsteht dabei ein wenig Ruß. Aber wenn's hilft …

36 Kapselheber
Mückenstiche abmildern

Seit einiger Zeit gibt es sogenannte elektronische Stichheiler oder Hitzestifte, die sich auf 50 – 60 Grad Celsius erwärmen und für drei bis zehn Sekunden auf die vom Insektenstich betroffene Hautstelle gedrückt werden, wodurch sich die Haut kurzzeitig erhitzt. Beschädigt wird sie davon nicht. Was dann passiert, wird immer noch diskutiert. Man geht davon aus, dass die Proteine, die durch den Stich in die Haut gelangt sind, zerstört werden. Es kann auch sein, dass durch die temporäre Wärmezufuhr die Histaminausschüttung des Körpers reduziert oder die Reizweiterleitung des Juckreizes gehemmt wird. So oder so kommt es zu einer Linderung der Symptome. Die positive Wirkung des Wärmestifts konnte durch Studien, die allerdings von Herstellern finanziert wurden, bestätigt werden. So heißt es bei Wikipedia, wo man auch lesen kann, dass die Stifte laut den Herstellern auch zur Behandlung von Lippenherpes geeignet sind.

Wie auch immer. Den gleichen Effekt erhält man, wenn man den Kapselheber in warmem Wasser oder mit der Flamme eines Feuerzeugs erwärmt und dann auf die Stichstelle drückt. Und beides – Schweizer und Feuerzeug – sollte man immer dabei haben.

Das erwärmte Metall wird für drei bis zehn Sekunden auf die Stichstelle gedrückt.

Jedes dieser Messer fühlt sich anders an und kann beim Darüberstreichen Wohlfühlgefühle auslösen.

37 Messer „Worry Stone"

Einem Worry Stone (Sorgenstein, Handschmeichler) werden alle möglichen guten Eigenschaften zugesprochen. Das Darüberstreichen soll Sorgen und Kummer vertreiben und Ruhe, Gelassenheit und bestenfalls Glück verheißen. Diese Tradition der schmeichelnden und Sorgen nehmenden Steine gab es schon im antiken Griechenland und sogar bei den nordamerikanischen Ureinwohnern.

Die glatte Oberfläche des Cellidors oder auch die griffigere Oberfläche der Nylon- oder Alox-Schalen an Schweizer Messern oder des Bundesadlers bei BW-Modellen eignen sich - genauso wie ein Stein - hervorragend zum Darüberstreichen. Zudem beherbergen diese „Worry Knives" zusätzlich zum „Wohlfühleffekt" gleich noch 100 und mehr großartige Funktionen.

Anders als ein Fidget Spinner beherbergt jedes Schweizer Messer viele nützliche Funktionen – hier ein Swiza und ein mit Micarta-Schalen gepimptes Victorinox.

Mit „Plus"-Griffschalen hat man zusätzlich zu Pinzette und Zahnstocher auch Kuli-Mine und Stecknadel dabei.

38 Messer
Kuli & Nadel integrieren

Messer sind für die meisten Nutzer nicht nur schnöde Dinge, nicht nur Werkzeuge, die auf ihre Funktion beschränkt sind. Nein, oft genug verbindet man damit auch bestimmte Erlebnisse oder Menschen, die einem das Messer vielleicht geschenkt haben.

Hat man nun ein Schweizer Messer ohne „Plus"-Schalen, will aber dennoch Kugelschreiber und Stecknadel als ständige Begleiter bei sich haben, braucht man auf sein liebgewonnenes Messer nicht verzichten, sondern kann sich stattdessen mit einem minimalinvasiven und preiswerten Eingriff behelfen. Man tauscht einfach die Schale auf Seite des Korkenziehers gegen eine Plus-Schale aus, die in vielen Farben frei erhältlich ist.

Um das Lösen der Schale zu erleichtern, wird das Messer für zwei bis drei Minuten in rund 60 bis 70 Grad warmes Wasser gelegt. Mehr bitte nicht, das nimmt der Cellidor-Kunststoff sonst „krumm". Dann hebelt man die Schale mit einer Klinge vorsichtig ab. Das geht gut, da sie nur über drei Rosetten verpresst ist. Neue Schale drauf und ab in den Schraubstock damit, den man zuvor entlang der Backen etwas abgepolstert hat, um Kratzer zu vermeiden. Und schon ist man noch besser ausgestattet.

Bei rund 60 Grad werden die Kunststoffschalen etwas weicher und können leichter abgenommen werden.

Mit einer dünnen Klinge fährt man zwischen Schale und Platine.

Die Schalen sind nicht verklebt, sondern über die drei Niete aufgepresst. Den Schraubstock sollte man etwas abpolstern.

Der Dosenöffner ist scharf genug, um die Schale einzuschneiden.

39 Klinge oder Kapselheber
Türkeil

Zur Grundausstattung von Feuerwehrleuten gehören Keile, mit denen sie Türen - und damit potenzielle Flucht- oder Nachschubwege - am Zufallen hindern. Wer keinen Keil hat, kann Türen auch mit den Tools eines Schweizer Messers offenhalten. In unsicheren Hotels kann man damit auch nach innen öffnende Türen gegen leises, unerwünschtes Öffnen sichern.

40 Dosenöffner
Orangen schälen

Mit der nach außen gerundeten Schneide des Dosenöffners lassen sich Schalen von Orangen einfach und in passender Tiefe einschneiden. So geht das Schälen wirklich leicht. Es gibt sogar Messer aus der Classic-Serie, die einen speziellen Orangenschalenschäler an Bord haben. Kann man machen, braucht man aber nicht. ;-)

Auch zum Abziehen der Schale ist er bestens geeignet.

Ob Heringe mit dünnen Schnüren oder …

… L-förmige Heringe, der Mehrzweckhaken packt sie alle.

41 Mehrzweckhaken
Hering ziehen

Wer sein Zelt oder Tarp – und damit seinen Schlaf – auch bei böigem Wind liebt, der schlägt seine Heringe tief in die Erde. Die sind dann allerdings oft nur schwierig wieder herauszubekommen.

Zumindest wenn man kein Schweizer Messer mit Mehrzweckhaken (oder einem Klingendurchbruch für die Einhandbedienung) besitzt. Denn damit geht es ganz einfach!

Selbst massive Heringe lassen sich mit dem Haken oder Tools wie dem Dosenöffner ziehen.

Auch mit dem Klingendurchbruch der einhändig bedienbaren Schweizer geht das Ziehen.

Der Fischentschupper hat viel mehr drauf als man denkt.

42 Fischentschupper Anreiß-hilfe

Der Stift oder der Anreißer wird in der Gabel verankert.

Eigentlich dient der Fischentschupper mit seiner wellenförmigen „Schneide" ja dazu, die ungenießbaren Schuppen vom Rücken des Fangs abzuschaben. Das versaut nach Meinung vieler allerdings den Geruch des Messers, das entlang des gesamten Griffs doch viele Spalten besitzt, in denen sich etwas „odeur" festsetzen könnte. Handwerker nutzen den Fischentschupper mit seiner Maßeinheit auf eine andere Weise: In die Gabelspitze wird ein Stift oder Hartmetall-Anreißer eingesetzt. Die Klinge wird dann fest gegriffen, um mit ihr an der Kante des Werkstücks entlangzufahren. So folgt die Anreißlinie in gleichmäßigem Abstand der Außenkante. Das ist praktisch für Schnitte oder um Bohrlöcher auf gleicher Höhe anzubringen.

Die rückseitig montierten Tools können als Schlagkraftverstärker genutzt werden.

43 Ahle oder Schraubendreher

Selbstverteidigung

Es kann vorkommen, dass man sich in einer lebensgefährlichen Notlage befindet und einem menschlichen oder tierischen Angreifer gegenüber steht. Dann kann das Schweizer Messer, obwohl prinzipiell für friedvolle Anwendungen konzipiert, ein sehr wichtiges Hilfsmittel werden, um Gefahren abzuwenden. Klappt man die rückseitig montierten Werkzeuge wie beispielsweise die Ahle aus und lässt eines dieser Werkzeuge zwischen Ring- und Mittelfinger hervorstehen, hat man so etwas wie einen Schlagkraftverstärker, der die Wucht des Schlags massiv konzentriert.

Bei der Ahle ist zu beachten, dass sie erstens spitz und scharf ist und dementsprechend mit hoher Wahrscheinlichkeit durch etwaige Kleidung hindurch ins Fleisch eindringen wird. Zweitens, dass die scharfe Kante und die nicht vorhandene Sicherung auch dazu führen können, dass die Ahle einklappt und man sich selbst verletzt. Beim Phillips-Schraubendreher drohen einem trotz sehr guter Kraftübertragung am Zielpunkt höchstens Quetschungen. Wie auch immer: Wer sich für Selbstverteidigung interessiert, sollte sich vorher unbedingt mit der Gesetzgebung vertraut machen.

Die Ahle ist scharf geschliffen, aber nicht gegen versehentliches Einklappen gesichert.

Die wichtigsten Requisiten für einen schwimmenden Kompass: Stecknadel oder Pinzette und ein Magnet.

44 Stecknadel oder Pinzette

Improvisierte Kompassnadel

Ein „schwimmender Kompass“ ist leicht herzustellen. Häufig wird dazu ein Laubblatt verwendet. Alternativ öffnet man mit dem Korkenzieher einen guten Tropfen, genießt einen Schluck und schneidet anschließend mit der natürlich exzellent geschärften Klinge eine dünne Scheibe vom Korken ab. Darauf befestigt man mittig die Stecknadel, wie sie sich an einigen Modellen in den Schalen beim Korkenzieher befindet (oder wie sie anderweitig – Hack 38 – im Messer untergebracht werden kann), mittels Duct Tape. Das hat man als echter MacGyver-Fan ohnehin immer dabei (Tipp: Einfach das EDC-Feuerzeug, die Taschenlampe oder einen Kugelschreiber mit Kraftklebeband umwickeln, so hat man immer etwas von dem guten Zeug dabei ...). Zuvor jedoch wird die Nadel magnetisiert, indem man sie mindestens 20 Mal über einen Magneten zieht. Magnete lassen sich übrigens ganz leicht an einem Schweizer Messer unterbringen (Hack 35). Setzt man den Korken nun auf das Wasser einer ruhigen Pfütze oder in einen Becher, in dem sich der Korken frei drehen kann, wird sich die Nadel entlang der magnetischen Nord-Süd-Achse ausrichten.

Die Pinzette wird durch Längsstriche mit dem Magneten magnetisiert. Auf einem Blatt richtet sie sich dann entlang der Nord-Süd-Achse aus.

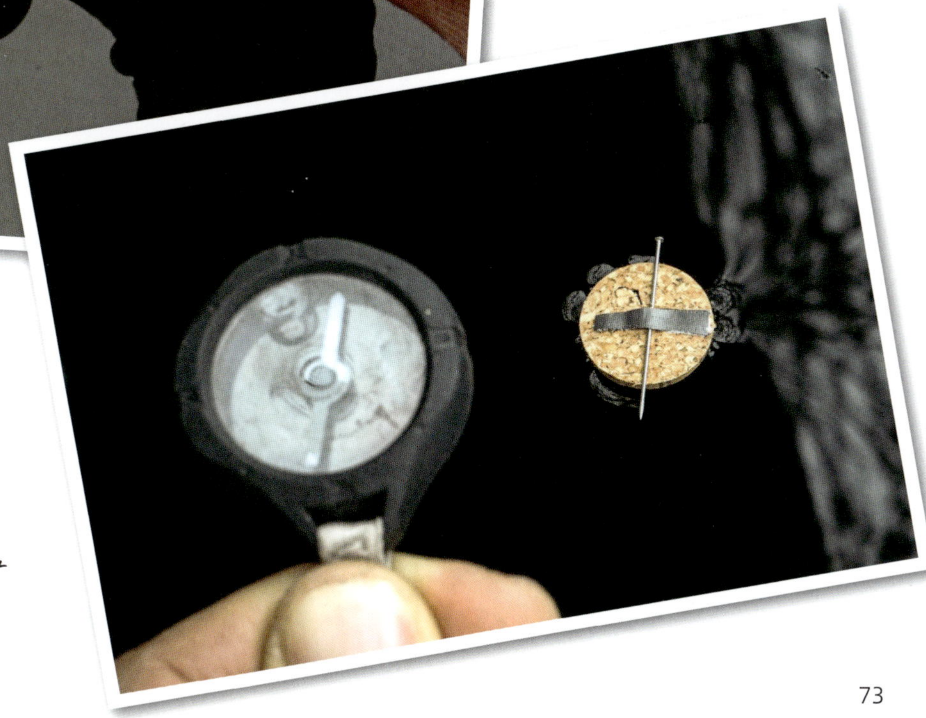

Alternativ eignet sich auch die Stecknadel als Kompassnadel – hier mit Duct Tape auf einer Scheibe Kork befestigt.

45 Fischentschupper
Streichholzhalter

Wer hat sich nicht schon beim Versuch, eine tief im Glas sitzende Kerze zu entzünden, derart verbrannt, dass er das Streichholz hat fallen lassen oder zumindest reflexhaft seine Hand zurückgezogen hat? Da ist es gut zu wissen, dass sich Streichhölzer zwischen den gabelförmigen Enden des Angellösers verklemmen lassen: Verkeilen, anzünden, Kerze entzünden und die romantische Stimmung genießen - ohne Brandblase am Daumen.

46 Mehrzweckhaken
Minenverlängerung

Manche Schweizer Messer wie das Swiss Champ oder das Cyber Tool haben neben einem Mehrzweckhaken auch eine Gasdruck-Kugelschreibermine, die im Stiel der Pinzette und des Zahnstochers in den Griffschalen steckt. Alle Plus-Modelle besitzen so eine Mine. Mit ihr schreibt es sich wirklich gut. Allerdings ist die Auflagefläche sehr klein. Wer etwas mehr zu sagen hat und besseren Grip braucht, kann die Mine in den Schacht unter dem Mehrzweckhaken stecken, diesen wieder zuklappen und mit dem Verfassen seiner Bonmots anfangen.

Die griffige Minenverlängerung ist schnell einsatzbereit gemacht.

47 Stecknadel
SIM-Kartenfach öffnen

Zahlreiche Schweizer Messer sind inzwischen mit einer Stecknadel ausgestattet. Diese sitzt gut versteckt in der Schale am Ansatz des Korkenziehers. Davon haben nicht nur Erforscher von Schmetterlingsarten – sogenannte Lepidopterologen – etwas, sondern auch Smartphone-Besitzer. Denn seien wir doch mal ehrlich: Das erste, was man meistens verlegt, ist der schlanke Spieker zum Lösen der Arretierung der SIM- und SD-Kartenfach-Abdeckung. Mit der Stecknadel des Schweizer Messers geht das fast genauso gut. Wer will, kann die feine Spitze vorher etwas abstumpfen. Wer ein Modell ohne Stecknadel-Slot hat, kann sich behelfen, indem er eine Sicherheitsnadel durch seine Schlüsselring-Öse fädelt. Die sind noch stabiler und funktionieren genauso gut.

Praktisch sind die spitzen Dinger übrigens auch, wenn Düsen von Sprays oder Kalksiebe verstopft sind.

Durch diese hohle Gasse muss sie ... die Stecknadel zum Öffnen des SIM-Kartenfachs.

Die drei Löcher durchbohren, Kokoswasser genießen und die Schale knacken. Dann geht's ans Fruchtfleisch.

48 Schlüsselring-Öse oder Kapselheber
Kokosnuss öffnen

Eine Kokosnuss nur mit dem Schweizer Messer öffnen? Dafür braucht man doch sicherlich eine Machete. Oder? Nicht wirklich. Wer weiß, wie's geht, knackt Kokosnüsse ganz einfach auch mit der festen Öse oder dem Kapselheber.

Zum Brechen von Sicherheitsglasscheiben, wie man sie bei Kfz meist an den Seitenfenstern findet, ist die Öse zwar zu weich und auch zu breit – dazu bedarf es harter und pointiert zulaufender Kugeln oder Kegel aus hoch gehärtetem Stahl, Hartmetall oder Keramik –, doch für Kokosnüsse reicht die Kraftübertragung.

Doch zunächst mal bohrt man drei Löcher am spitzen Ende der Kokosnuss mit der Ahle durch (eventuell mit der Säge erweitern) und genießt den Saft. Dann schlägt man mit der Öse einmal fest rund um die Kokosnuss – und zwar dort, wo die Wölbung am größten ist. Irgendwann bricht die Kokosnuss in zwei Hälften. Mit der großen Klinge schneidet man das Fruchtfleisch längs und quer ein und bricht sich die Stücke dann mit dem Kapselheber raus.

Kokosnüsse haben pro 100 Gramm rund 350 Kilokalorien an Nährwert, die zurückzuführen sind auf rund 30 Gramm Fett, 6 Gramm Zucker und 3 Gramm Proteine. Dazu kommen noch Vitamine und wichtige Mineralien wie Kalium und Magnesium. Die Arbeit lohnt sich also. Das gleiche Ergebnis lässt sich auch mit dem Kapselheber erreichen, vor allem mit Messer-Modellen, bei denen dieser arretiert.

49 Mehrzweckhaken und Schlüsselring

Stichsägeblatt fixieren

Wer ein Schweizer-Messer-Modell ohne Holz- oder Metallsäge besitzt, kann es ganz einfach aufrüsten – und zwar mit Stichsägeblättern mit T-Schaft, wie man sie in jedem Baumarkt findet, wo es sie für die verschiedensten Anwendungen gibt. Besonders gut geht das bei Modellen mit Mehrzweckhaken, den man zunächst aufklappt. Dann schiebt man das Stichsägeblatt durch den Schlüsselring in den Schacht des Hakens und klappt diesen wieder ein, sodass der Haken in die T-Kerbe greift. Der Ring stabilisiert das Stichsägeblatt in vertikaler Richtung, der Haken horizontal. Um die Auflage und damit den Druck des Mehrzweckhakens noch zu erhöhen, kann man den T-Schaft oder gleich auch den Haken mit Duct Tape umwickeln. Die einzelnen Stichsägeblätter, die man gerne nutzen will, kann man in Papier umwickelt in der Hosentasche oder im Geldbeutel mitführen oder sich ein Geheimfach auf die Rückseite des Gürtels nähen (lassen).

Mit improvisiertem Griff lässt sich das Stichsägeblatt viel effektiver einsetzen.

Knoten sind beim Survival essenziell – zum Lösen braucht man gelegentlich Unterstützung.

50 Mehrzweckhaken, Fischentschupper, flacher Schraubendreher oder Korkenzieher

Knoten lösen

An einem normalen Schweizer Messer finden sich gleich einige Werkzeuge, mit deren Hilfe man Knoten lösen kann, bei denen man mit Fingern – zumal wenn klamm – nicht weiter kommt. Eines dieser Werkzeuge ist der Pakethaken, dessen gekrümmtes Ende man unter zu ziehende Schlaufen positionieren kann. Der im rechten Winkel dazu verlaufende Griff ermöglicht es, mit hoher Kraft daran zu ziehen. Ist die erste Schlaufe gelöst, ist oft schon viel gewonnen. Oder man setzt den Haken an einer weiteren Stelle im Knoten an.

Der Korkenzieher ist ideal, um festsitzende Knoten in Schnüren, Schuhbändeln etc. zu lösen. Insbesondere wenn diese nass und daher besonders schwer greifbar sind. Die Spitze setzt man unterhalb der Schlaufe an und dreht sie dann darunter durch – als würde man einen Korken ziehen. Dann kann man die Schlaufe meist schon viel besser anziehen und damit lösen.

Das gabelförmige Ende am Fischentschupper kann ebenfalls sehr gut zum Lösen von festgezurrten und mit den Fingern nicht mehr zu öffnenden Knoten eingesetzt werden. Dazu schiebt man eine der abgerundeten Enden unter die zu lösende Schlaufe und kann mit dem Griff viel Kraft zum Aufziehen aufbringen.

Der flache Schraubendreher, der sich an manchen Schweizer Messern auf der Rückseite befindet und auf 90 Grad aufgeklappt wird, ist bestens geeignet, um Lampenkabel mit Lüsterklemmen zu verbinden. Allerdings eignet er sich durch sein präzise geformtes Ende auch exzellent, um festsitzende Knoten zu durchstoßen und diese damit zu lösen.

Hier wurde ein Tarp zur Hängematte umfunktioniert. Mit dem Pakethaken lässt sich die Umwicklung lösen.

Der flache Schraubendreher ist eigentlich perfekt für Lüsterklemmen, passt aber auch unter enge Wicklungen.

Die gerundeten Enden des Fischentschuppers sind schonend zur Leine.

Knoten in flachen oder nassen Bändern sind oft sehr schwer zu lösen.

Mit seinen Windungen dringt der Korkenzieher jedoch auch unter enge Wicklungen.

Die Kunststoff-Schalen des Schweizer Messers sind verpresst. Gezielte Wärmezufuhr erleichtert das Lösen von den Rosetten.

Mit einer dünnen Klinge kommt man unter die Schalen und arbeitet sich vorsichtig von Haltepunkt zu Haltepunkt, wo man die Schalen hoch drückt.

51

Messer

Angelleine mitführen

Angelleinen sind ein Thema für sich. Sie sind entweder durchsichtig, rosa, grün oder gelb und bestehen aus Monofilament oder Fluorkohlenwasserstoff. Sie sollen dem Angler über Wasser dabei helfen, die Schnur im Blick zu behalten und unter Wasser für scheue Fische unsichtbar sein.

Na ja ... so die Theorie. Auf jeden Fall schadet es nichts, ein paar Meter Angelleine mit sich zu führen, wenn man auf Expedition geht. Am besten macht man das, indem man eine der Griffschalen des Messers löst. Dazu erwärmt man sie zunächst in warmem Wasser, das nicht mehr als 60 Grad hat. Das macht den Cellidor-Kunststoff etwas weicher und elastischer, sodass sich die an Rosetten verkeilten Schalen leichter und ohne große Beschädigungen lösen. Zum Lösen fährt man mit der feinen Klinge eines anderen Schweizer Messers vorsichtig unter die Schalen und hebelt diese sanft und mit wechselndem Ansatzpunkt ab. Dann setzt man sie wieder sorgfältig auf und wickelt die Schnur ein paar Mal rund um das Messer, sodass sie zwischen die Schalen und die darunter liegenden Platinen rutscht. Dann drückt man die Schalen wieder ganz fest. Das kann man auch in einer Schraubzwinge machen, deren Backen man zuvor mit Karton oder Stoff abpolstert, um Kratzer zu verhindern.

Und übrigens: Unter den Schalen und manchen Werkzeugen ist allerhand Platz für überlebenswichtige oder zumindest sehr nützliche Kleinteile wie zum Beispiel Angelhaken oder Dinge wie eine SD-Karte (Hack 84).

Ist die Schale leicht gelöst, entsteht ein Spalt, unter den man Leine oder Zahnseide (ebenfalls sehr stabil) wickeln kann.

Auf diese Weise bekommt man genug Leine für die ersten Meter nach dem Haken unter.

52 Feile
Kanten entgraten

Die Mini-Feile am Schweizer Schlüsselbundmesser ist ja wirklich putzig. Na, mal eben einen Fingernagel etwas sanfter feilen wird schon gehen ... aber weit gefehlt: Die Feile am Classic macht auch kurzen Prozess mit Kanten an Kunststoffen und Holz.

Die Feile am Classic packt nicht nur das Keratin, aus dem unsere Fingernägel bestehen, sondern auch harte Kunststoffe und Holz.

53 Feile
Rost entfernen

Die Feile nimmt nicht nur Material an Holz und Metallen ab, sondern kann auch zum Reinigen von elektrischen Kontakten verwendet werden - oder von Fingern, auf denen Sekundenkleber etwas zu sehr ausgetrocknet ist.

Die Feile besitzt beidseitig einen Kreuzhieb – etwas feiner auf der anderen Seite – und entlang der Unterseite eine Zahnung zum Sägen.

Eier pieksen – ganz klar eine Sache der Einstellung und des richtigen Tools.

54 Korkenzieher oder Ahle
Eier pieksen

Die einen schwören darauf, die anderen tun es als Humbug ab – die Rede ist von Eierstechern, mit denen man bei Eiern ein kleines Loch in die Schale sticht, um deren Luftkammer nach außen zu öffnen. Dadurch soll beim Kochen ein Druckausgleich möglich werden, der das Platzen der Eierschale verhindern soll. Bewiesen ist das jedoch nicht.

Die Konstruktion der kommerziellen Eierstecher verhindert einerseits ein zu tiefes Eindringen der Nadel, wodurch die innere Schalenhaut verletzt würde, und andererseits eine zu hohe Belastung der empfindlichen Schale. Das bedeutet für Piekser nach Schweizer Art: Immer schön behutsam vorgehen, aber das können die Eidgenossen ja.

Mit Draht und Kraftklebeband lassen sich viele Dinge behelfsmäßig reparieren und fixieren.

Speziell mit dem Mehrzweckhaken kann man Draht sehr fest verzwirbeln.

55

Pakethaken

Draht verzwirbeln

Hat man mal keine Klemmschelle zur Hand, um einen Schlauch am Gewinde des Wasseranschlusses zu befestigen, kann man sich auch mit einem Draht behelfen, den man mit dem Mehrzweckhaken besonders einfach und fest um beides wickeln kann. Dazu wickelt man den Draht einmal um den Schlauch und den Anschluss und verzwirbelt ihn locker mit der Hand. Dann schlägt die Stunde des Mehrzweckhakens: In die entstandene Schlaufe einhaken und fleißig drehen, bis der Anschluss richtig unter Spannung steht. Auf ähnliche Weise kann man in einer Survivalsituation auch Drahtschlingen für Fallen drehen.

Bei der Survival-Jagd ist es wichtig, dass sich die Drahtschlinge leicht zuziehen kann. Achtung: Die Jagd mit Schlingen ist absoluten Survivalsituationen vorbehalten und weltweit streng reglementiert.

Führt man die Säge diagonal über das Zunderholz, erhält man feinen Abrieb, der sich durch Funken entzünden lässt.

56 Säge
Zunder-Reibe

Mit der schräg – ähnlich einer Feile – geführten Säge lässt sich hervorragend Zunder von Fat Wood oder harten Zunder-Pilzen reiben. So erhält man Zunder, wie man ihn zum Beispiel in Verbindung mit dem Brennglas (Hack 31) benötigt. Fat Wood ist auch als Kienspan bekannt und lässt sich mit etwas Glück und Ausdauer auch bei uns finden. Das orange-rote, mit Harz gesättigte Holz findet sich oft bei umgestürzten oder abgestorbenen Kiefern und Fichten im Wurzelbereich und kann mit Klinge, Säge oder Axt „rausgearbeitet" werden.

Will man Kienspan als Zunder nutzen, reibt man ihn entweder ab oder schnitzt feine Späne vom aromatisch duftenden Holz.

57 Mehrzweckhaken oder Kapselheber
Klammern ziehen

Sie schießen durch den hohen Federdruck im Tacker rasant ins Holz und bleiben dann dort sehr sicher - das ist ja auch ihre Aufgabe. Doch will man die damit befestigte Strohmatte oder Seilverbindung wieder lösen, muss die Klammer raus. Sowohl der Mehrzweckhaken als auch der Kapselheber eignen sich dazu sehr gut. Mit dem Kapselheber fädelt man ein wie unter einen Kronkorken und hebelt die Klammer raus. Und mit dem Pakethaken quetscht man das offene Ende darunter und hat dadurch auch einen besonders langen Hebelarm zur Kraftübertragung.

58 Messer
Schlaghilfe

Es kann vorkommen, dass man sich in einer lebensgefährlichen Notlage befindet. Das Schweizer Messer, obwohl prinzipiell für friedvolle Anwendungen konzipiert, kann ein wichtiges Hilfsmittel werden, um Gefahren abzuwenden. Speziell die etwas schweren Modelle können gut als Schlaghilfe verwendet werden, wenn man sie in eine Mütze steckt oder an einer Schnur schwingt, die man durch die Öse gezogen hat.

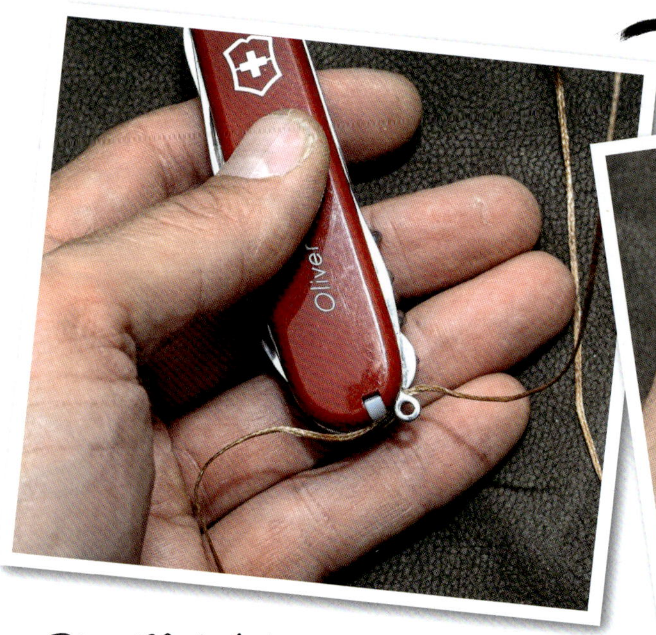

Die reißfeste Leine (hier Sattlergarn) wird an der Öse befestigt …

… und dann entlang des Rückens zum Ricasso der Klinge geführt.

59 Messer
Klinge sichern

Die Klingen und Kapselheber vieler großer Schweizer Messer von Victorinox werden mit einer Sperrplatine gegen versehentliches Einklappen gesichert. Bei den 91-Millimeter-Modellen ist das nur selten der Fall und betrifft dann nur die „S"-Modelle (S für Secured oder Sicherung).

Ein Vorteil dieses Verzichts auf eine Arretierung liegt darin, dass diese Messer auch in Ländern mit strenger Gesetzgebung meist erlaubt sind. Zum reinen Schneiden braucht man auch nicht unbedingt eine Arretierung. Allerdings erhöht eine Arretierung durchaus die Arbeitssicherheit.

Wer größere und schwerere Arbeiten zu verrichten hat, kann einige Klingen am Schweizer Messer mit Schnur recht zuverlässig gegen das versehentliche Einklappen sichern. Bei der Klinge geht das zum Beispiel so: Man macht einen festen Knoten rund um die Öse, führt die Schnur rechts vorbei am Rücken entlang, wickelt die Schnur ein paar Mal ums Ricasso (den ungeschliffenen Bereich am Anfang der Klinge) und verknotet sie dann wieder mit der Öse (oder wickelt sie zumindest ein paar Mal herum) und klemmt das Seilende mit der Greifhand fest. Das funktioniert.

Ähnlich kann man bei allen Klingen vorgehen, die ein Ricasso haben. Bei Werkzeugen wie der Säge muss man eventuell etwas zwischen Schnur und Schneide legen, zum Beispiel ein kleines Stück Holz, das verhindert, dass die Schnur durchtrennt wird.

Das Ricasso wird mehrfach mit dem Garn eng umwickelt.

Auf diese Weise kann ein vollständiges Einklappen verhindert werden.

60 Zahnstocher
Zecken-zange

Der Zahnstocher wird von vielen eher belächelt als gebraucht. Allein ist er vielleicht nicht unbedingt der Rede wert. Doch wenn man ihn modifiziert, kann man daraus einen Angelhaken formen (Hack 66) oder den Schacht zur Aufbewahrung eines Nähsets nutzen (Hack 74). Man kann den Zahnstocher auch im Stile eines Zeckenziehers formen, indem man ihn an der Spitze V-förmig einschneidet. Damit fährt man dann unter die Zecke und hebelt sie raus.

Übrigens: Von Haushaltsmitteln wie Öl oder Kleber auf die Zecke ist abzuraten. Und drehen sollte man eine Zecke auch nicht, da sie ganz sicher kein Gewinde hat. Wichtig ist es, den Kopf nicht zu quetschen und die Zecke kontrolliert zu ziehen.

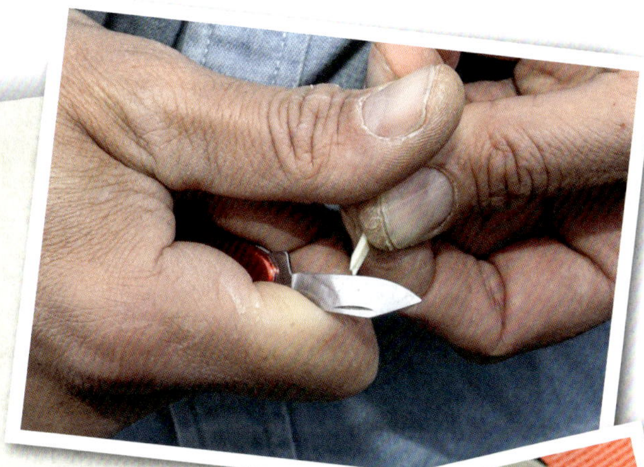

61 Fischentschupper
Band einziehen

Eigentlich dient das gabelförmige Ende des Fischentschuppers ja dazu, den Angelhaken zu lösen, der sich im Maul des Fischs festgesetzt hat. Bestens geeignet ist diese Aufnahme aber auch, um eine Kordel an Kapuzenpullovern erst festzuklemmen und dann wieder in ihren Tunnel zu bugsieren, aus dem sie im turbulenten Waschgang rausgerutscht ist.

Wer Kapuzenpullover besitzt, kennt dieses Problem.

Damit das Kordelende nicht mehr durchrutscht, empfehlen wir einen Stopperknoten.

62 Ahle
Behelfs-Feder

Falls eine der Federn im Batteriefach einer Lampe oder Fernbedienung abgebrochen ist und verloren ging, kann man sich mit einem Stück Draht und der Ahle ganz leicht eine neue drehen.

Das Ende des Drahts steckt man in die Schale zur Basis der Ahle, dann wickelt man den Draht eng um die Ahle. Und schon hat man wieder Kontakt.

Erst wird verankert und dann gewickelt.

Jetzt findet die Batterie wieder Halt und Kontakt.

63 Ahle
Fingernägel reinigen

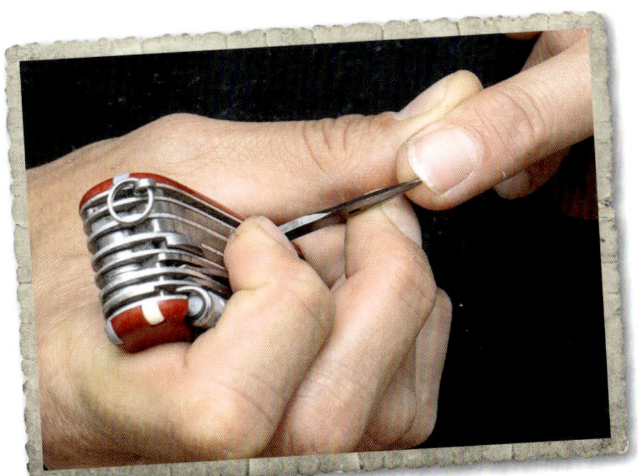

Die präzise in einem Winkel von 48 Grad angefaste Ahle ist nicht nur hervorragend zum Bohren von Löchern oder für härtere Schneidarbeiten geeignet – sie ist auch der ultimative Reiniger für Fingernägel. Ausprobieren und nie wieder etwas anderes benutzen!

64 Pinzette
Lesezeichen oder Büroklammer

„Neulich abends im Bett die Stelle gesucht, wo ich zuletzt aufgehört hatte mit Lesen. Als ich sie schließlich gefunden hatte, war ich zu müde, um mit dem Lesen anzufangen..."

Das darf nicht sein, deshalb heißt es, ein Zeichen zu setzen. Und zwar ein Lesezeichen. Das geht ganz einfach mit der Pinzette, ohne die Buchseiten übermäßig zu wölben. Natürlich hält die Pinzette auch mal ein paar Seiten zusammen, wenn man diese gut geordnet transportieren muss.

Ein Zeichen setzen geht einfach – mit der Pinzette.

65 Dosenöffner
Walnuss öffnen

Die meisten Nüsse haben an einem Ende eine kleine Vertiefung, die sich hervorragend zum Knacken derselbigen eignet. Bei einer Walnuss, wie man sie ab Oktober auch bei uns in Hülle und Fülle findet, ist diese Stelle an der dunklen Färbung zu erkennen. In diese Vertiefung fährt man mit dem 3-mm-Schraubendreher des Dosenöffners, verkantet die Klinge ein wenig ... und schon springt die Walnuss in zwei Hälften. Der Dosenöffner eignet sich danach auch hervorragend zum Rauspulen der energiereichen Nuss. Sehr gut lässt sich zum Knacken ohne Nussknacker auch die Ahle verwenden. Wer vorsichtig arbeitet, kann auch die Klinge nutzen.

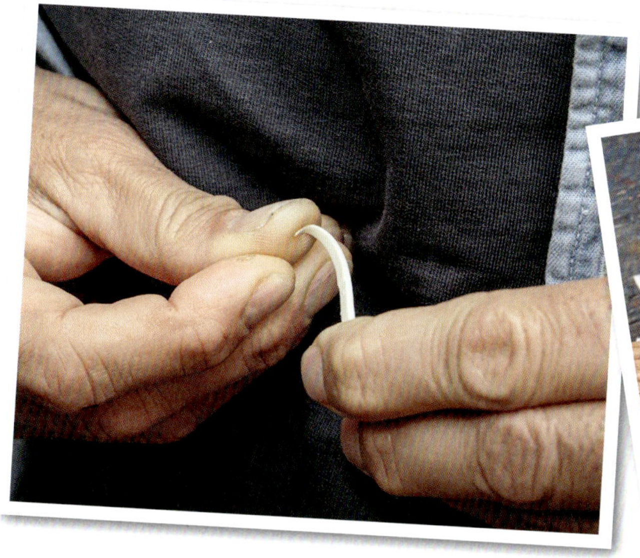

Das feine und biegsame Ende des Zahnstochers ist für den Haken nicht zu gebrauchen.

Nach dem Kürzen werden beide Enden des Zahnstochers angespitzt und die Mitte zur Mulde geformt.

66 Zahnstocher Survival-Angelhaken

Auf einer einsamen Insel gelandet mit nichts als dem Schweizer Messer? Sagen wir so: Es könnte schlimmer kommen. Denn mit dem Schweizer Messer kann man auch Kokosnüsse öffnen (Hack 48) und sich einen Angelhaken anfertigen. Die Leine dazu hat man ja ohnehin dabei (Hack 51).

Den Angelhaken kann man sich entweder aus einem Knochen schnitzen, aus dem Schlüsselbundring biegen und feilen (Hack 25) oder aus dem Zahnstocher formen. Dazu spitzt man beide Enden an, versucht sich vielleicht noch an einem präzisen Widerhaken und kerbt den Zahnstocher mittig ein, damit die Angelleine abrutschsicheren Halt findet. So ähnlich haben schon unsere Vorfahren gefischt.

Schon unsere Vorfahren angelten mit ähnlichen Angelhaken aus Knochen oder Holz.

67 Fischentschupper
Entfernungen messen

Der Fischentschupper an Victorinox-Messern hat acht Zacken pro 30 mm, also misst der Abstand zwischen den Zacken jeweils 3,75 mm. Hält man den Fischentschupper auf Armlänge weg von sich, ist dieser etwa 600 mm von den Augen entfernt.

Mit diesen beiden Maßen kann man nun die Winkelgröße jedes Zahnabstands berechnen, wenn man den Fischentschupper wie beschrieben hält. Die Winkelgröße beträgt 3,75/600 ≈ 0,006 Radiant, was 6 Milliradiant entspricht.

Ein Milliradiant wiederum ist eine praktische Einheit für die Entfernungsmessung: Ist die Objektgröße am Ziel bekannt, kann man mit Hilfe des Fischentschuppers (genauer: der Anzahl der Abstände zwischen den Zacken, die das Objekt einnimmt) die ungefähre Entfernung zum Objekt ermitteln. Die Formel lautet:

(bekannte oder geschätzte) Objektgröße / Milliradiant im Absehen = Entfernung des Objekts in Metern

Ein Beispiel: Ein Mann nimmt bei ausgestrecktem Arm den Abstand zwischen zwei Zacken (= eine Mulde, entspricht 6 Milliradiant) ein. Die Größe des Manns wird auf 1.800 mm geschätzt, was in etwa der Durchschnittsgröße in Deutschland entspricht. Entsprechend der Formel teilen wir 1.800 / 6 = 300. Der Mann befindet sich also in 300 Metern Entfernung.

Nimmt derselbe „Durchschnittsmann" den Abstand zwischen drei Zacken am Fischentschupper ein, lautet die Rechnung: 1.800 / 12 = 150. Das Objekt befindet sich also in 150 Metern Entfernung.

Hilfreich können Entfernungsmesser wie diese für Jäger, Sniper oder – etwas friedlicher – für Golfer sein.

68 Messer Behelfs-Zirkel

Wie man die Kugelschreibermine fest am Messer verankert, sodass man auch größere Textmengen komfortabel und einigermaßen leserlich schreiben kann, zeigt Hack 46. So in Position zeigt das Schweizer Messer noch ein unbekanntes Talent: Klappt man nun noch die Klinge aus und positioniert die Spitze im Papier, kann man den Griff kreisrund um diesen Fixpunkt drehen und einen Kreis zeichnen.

69 Messer Senklot

Bevor der Streit darum, ob das Bild nun gerade oder doch schief hängt, in einen ernsten Ehekrach ausartet, empfehlen wir auf erprobte Methoden zur Ausrichtung von Gegenständen zurückzugreifen. Dazu gehört das Senklot, das man ganz einfach mit einem Schweizer Messer improvisieren kann. Messer als „Lot" an eine Schnur binden, Schnur an den Nagel halten und alles wieder ins rechte Licht rücken.

Schieflage – durch das Gewicht des Messers richtet sich die Schnur exakt vertikal aus.

Manche Dübel sind mit Zangen schwer zu greifen.

70 Korkenzieher
Dübel ziehen

Mit dem Korkenzieher lassen sich wunderbar alte Dübel aus der Wand entfernen, an denen zuvor alle im Haushalt befindlichen Zangen verzweifelt sind. Dazu dreht man den Korkenzieher entweder direkt in den Dübel und zieht das Ganze dann langsam wackelnd raus – der im rechten Winkel zur Ziehbewegung stehende Griff ermöglicht dabei eine sehr gute Kraftübertragung. Oder man dreht die Korkenzieherspitze außen seitlich zwischen den Dübel und die Wand und zieht dann.

Der Korkenzieher kann hier oft zum „Gamechanger" werden.

71 Messer
Behelfs-Fingerhut

Bei schweren Näharbeiten mit der Nadel kann es schwierig oder schmerzhaft sein, die Nadel allein mit den Fingern durch die Materialien zu stoßen. Am Rücken der meisten Schweizer Messer finden sich jedoch Vertiefungen, mit denen man Druck auf das Öhr der Nadel ausüben kann – ganz wie mit einem Fingerhut.

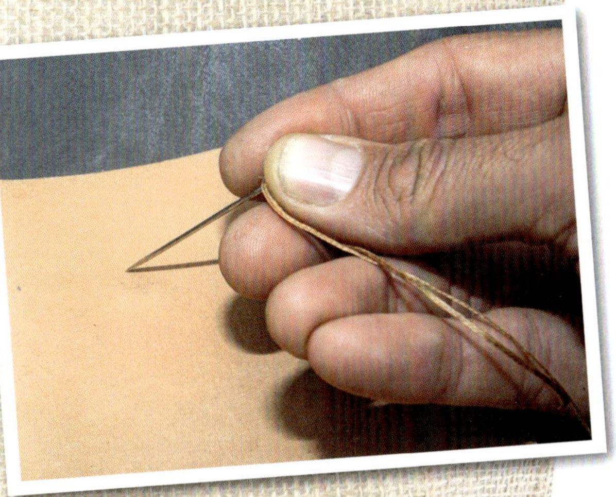

Kein Durchkommen per Fingerkraft.

Mulden am Griffrücken verankern die Nähnadel ...,

... und auf einmal geht es spielend leicht und schmerzfrei.

Das kann jedem mal passieren… so verbogen lässt sich die Säge nicht mehr gut einklappen.

Säge

72 Instandhaltung: gerade biegen

Die dünne Säge an den Victorinox-Messern sägt mit hoher Effizienz auf Zug und auf Schub. Doch gerade bei letzterer Bewegung passiert es sehr leicht mal, dass man verkantet, kraftvoll weiter schiebt und die Säge dabei verbiegt. Und dann lässt sie sich nicht mehr so einfach einklappen und hat auch von ihrer Leistungsfähigkeit eingebüßt.

Doch man kann sich selber helfen – allerdings nicht, indem man zwei Zangen nimmt und damit planlos herumschustert. Stattdessen stattet man einen Schraubstock mit insgesamt drei halbrunden Stücken aus Kunststoff oder Holz aus, die man vertikal an den Backen mit doppelseitigem Klebeband befestigt. Das einzelne halbrunde Teil wird so positioniert, dass es in die Lücke zwischen den anderen halbrunden Teilen auf der anderen Backe greift, wenn man den Schraubstock zudreht. So kann man punktgenau Druck ausüben auf die Säge, die man dazwischen platziert. Es ist sinnvoll, sich langsam heran zu tasten und lieber mehrfach leicht zu biegen als einmal zu fest.

Drei halbrunde Elemente – hier Kork) werden mit beidseitigem Klebeband ausgestattet.

Mit der richtigen Positionierung lässt sich gezielt Druck ausüben.

Mit Bedacht lässt sich die Säge wieder in ihre ursprüngliche Form biegen – zumindest annähernd.

73

Säge

Instandhaltung: Schärfen

Victorinox und andere Hersteller von Taschenmessern haben einen guten Kundenservice. Doch nicht immer muss man diesen auch in Anspruch nehmen. Sollte zum Beispiel die Säge an Schärfe verlieren, kann man sich auch selber helfen. Denn oft liegt das daran, dass die akkurat gefeilten Zahnflächen des Sägeblatts am äußersten Ende leicht umgeknickt sind. Um das wieder hinzubekommen, klemmt man 240er Schleifpapier auf eine plane Unterlage, legt das Sägeblatt flach auf – erst die eine, dann die andere Seite – und zieht das Blatt ein paar Mal ab. Das ganze funktioniert natürlich auch auf Banksteinen zum Messerschärfen (Fotos).

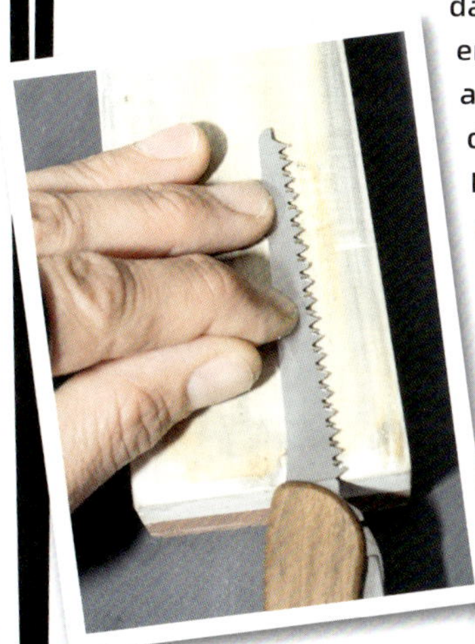

Hat sich entlang der Zähne ein Grat umgelegt, arbeitet die Säge nicht mehr gut.

74 Messer
Nähset integrieren

Haben Sie das Gefühl, dass Sie eventuell auf den Kunststoff-Zahnstocher verzichten können? Okay, dann können sie zwar keinen Urmensch-Angelhaken basteln (Hack 66), aber dann ist es halt so.

Doch den Schacht des Zahnstochers sollten Sie nicht ungenutzt lassen, eignet er sich doch wirklich perfekt zum Unterbringen eines Nähsets. Dazu erst den Zahnstocher kurz unterhalb der Zughilfe absägen. Dieser Teil wird zum Verschluss. In dem restlichen Schacht lässt sich wunderbar eine mit Nähgarn umwickelte Nadel unterbringen.

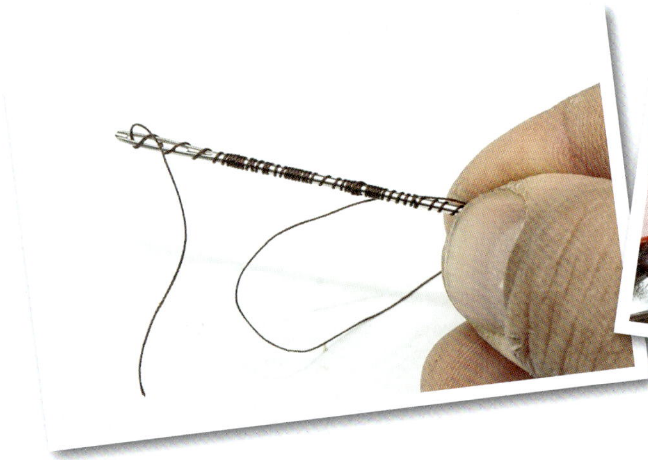

Die Nadel mit ausreichend Garn umwickeln und den Zahnstocher kürzen.

Der obere Teil dient als „Rausfallschutz" und kann immer noch Zahnzwischenräume reinigen.

Das hakenförmige Ende des Zahnstochers erleichtert das Ziehen und das Ausklappen.

75 Zahnstocher Öffnungshilfe

Mit dem Greifhaken am Zahnstocher lassen sich am sogenannten Nagelhau auch die Klingen des Schweizer Messers aus dem Griff bewegen. Praktisch kann das sein, wenn man mit Handschuhen arbeitet.

Den Zahnstocher kann man normalerweise auch mit Handschuhen aus dem Slot bewegen. Sonst kann man ihn auch vorher an der Kordel befestigen.

So kommt man auch mit Handschuhen an alle Werkzeuge des Schweizer Messers.

76 Messer
Metallsäge integrieren

Nicht alle Schweizer Messer haben Metallsägeblätter oder – bestenfalls entnehmbare – Feilen an Bord. Dabei kann beides praktisch sein. Mit einem von Hand geführten und gekürzten Bi-Metall-Sägeblatt kann man zum Beispiel Eisenstäbe, Nägel oder harte Kunststoffe durchtrennen. Und mit einer Nagelfeile im Messer kann man seine Fingernägel unterwegs in Form halten. Beim Bushcraften ist das auch aus hygienischer Sicht zu empfehlen. Mit einer hochwertigen Feile kann man sogar seine Messerklinge nachschärfen. Doch die meisten Schweizer Tools haben keine entnehmbare Feile.

Dann geht es eben anders, und zwar so: Man sucht sich ein hochwertiges Sägeblatt oder eine hochwertige Feile, die in etwa die Länge der Holzsäge hat. Bei der Feile muss der Griff ab. Das Sägeblatt muss passend gebrochen werden. Beides kann man durch hin und her biegen der Feile oder Säge in einem Schraubstock bewerkstelligen. Das gekürzte Blatt kann man im Normalfall mit einem dünnen Streifen Klebeband an der Säge oder einem anderen Werkzeug, neben dem Platz ist, befestigen und beides zusammen einklappen.

Hochwertige Metallsägeblätter findet man im Baumarkt. Sie müssen nur per „Ermüdungsbruch" noch gekürzt werden.

Das Modell Forester wiegt mit dem integrierten Sägeblatt nur wenige Gramm mehr und ist noch genau so schlank wie zuvor.

77 Mehrzweckhaken
Verschlusslaschen von Dosen ziehen

Wer sich seine Fingernägel beim Öffnen von Dosen nicht kaputt machen will, kann dafür auch ganz hervorragend den Mehrzweckhaken nutzen.

Dass Kieselsäure tatsächlich hilft, die Fingernägel zu stärken, ist nicht erwiesen. Was definitiv hilft, ist der Mehrzweckhaken.

78 Messer
Flaschen öffnen

Es ist der Mega-Trend: In alles Mögliche integrieren die Hersteller inzwischen Flaschenöffner, sogar in Gürtelschnallen. Nun, auch die Schweizer haben bei den allermeisten Modellen einen an Bord. Wie gesagt, bei den allermeisten... Einige Modelle gibt es jedoch, die besitzen keinen. Dazu gehören zum Beispiel die praktischen Classic-Modelle oder einige Alox-Modelle wie das Swiss Army 1 und 2. Doch keine Angst, es droht keine Gefahr zu verdursten, eignet sich doch auch der Griff dieser Messer hervorragend zum Aufhebeln der Deckel. Und ein paar Gebrauchsspuren geben ja auch Charakter...

Auch um den Überblick zu behalten, kann ein Schweizer Messer, hier das Victorinox-Modell Companion New York Style, beste Dienste leisten.

79 Klinge
Klebehilfe

Um Klebeetiketten oder die Aufkleber fürs Sammelbuch der Kinder exakt an die richtige Stelle zu bekommen, kann die Klinge des Schweizer Messers zum echten Gamechanger werden.

Denn ganz ehrlich, mit den Fingern wird das doch nie etwas. Erstens bleiben die Aufkleber immer an den unmöglichsten Stellen haften und verlieren dann auch noch an Klebekraft, oder es fehlt einfach der Überblick. Doch wenn man den Aufkleber mit der Flanke der Klinge aufnimmt, kann man Etiketten und Aufkleber ganz entspannt und präzise dorthin bewegen, wo man sie haben will.

Aufkleber mit der Spitze der Klinge vorsichtig aufnehmen und exakt dort platzieren, wo er hin soll – so einfach kann es gehen.

Es soll ja Hunde geben, die keinen Schritt mehr gehen, wenn Kletten sich ihres Fells bemächtigen und ziepen – der Fischentschupper kommt auch damit klar.

80 Fischentschupper und Säge

Kletten & Haare entfernen

Der Fischentschupper ist eines der Tools, von denen man denkt, dass sie ausschließlich für Angler einen Nutzen bringen. Doch weit gefehlt, ist es doch ein recht vielseitiges Werkzeug. Denn mit dem Fischentschupper kann man sehr gut Haare aus den rotierenden Bürsten von Staubsaugern entfernen oder als „Kamm“ genutzt Tierfelle – und auch seine Klamotten – von Kletten und ähnlich anhaftendem Grünzeug befreien.

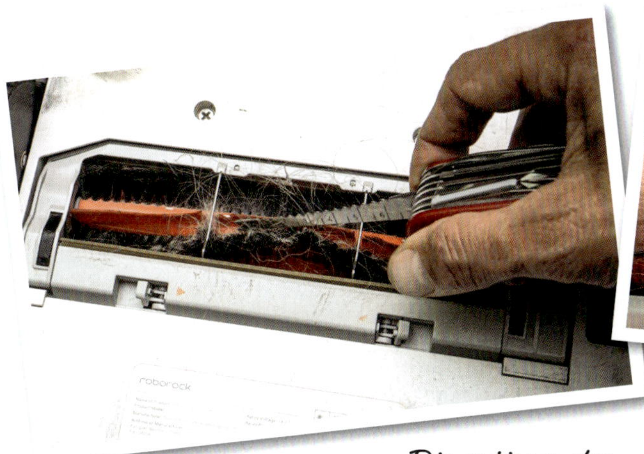

Die rotierenden Bürsten von Staubsaugern können sich leicht mit Fäden und Haaren zusetzen.

Speziell mit dem Fischentschupper, aber auch mit der Säge lassen sich die Verwicklungen leicht entfernen.

81 Zahnstocher oder Schere
Ersatzgabel

Pommes isst man am stilvollsten mit einem Pommes-piekser – und wenn es nur die aus schnödem Plastik sind. Doch wenn es keine Piekser geben sollte, klappt man einfach die Schere am Messer aus und spießt die leckeren Kartoffelstifte damit auf. Das Ganze funktioniert natürlich auch bestens mit Oliven oder Käsewürfeln … und auch mit dem Zahnstocher.

82 Fischentschupper
Klingen schonen

Die Schärfe einer Klinge ist ein fragiles Gut. Denn so gut ein Messer auch geschärft ist, so großartig die Legierung auch sein mag und mit wieviel Expertise die Wärmebehandlung des Stahls auch durchgeführt wurde - irgendwann wird jede Schneide stumpf. Wie schnell das passiert, hängt maßgeblich davon ab, was man schneidet. Die gute Nachricht: Die Klingen an Schweizer Messern sind fein ausgeschliffen und präzise geschärft, sodass das Nachschärfen recht leicht geht. Doch man kann sich diese Schärfe auch bewahren, indem man beispielsweise den Fischentschupper benutzt, um Pflanzen auszugraben, um Holz oder Kunststoffe zu kerben oder um stark verschleißende Materialien wie Sisal-Matten zu schneiden.

Kein Job für Klingen – aber für den Fischentschupper.

83

Messer

Feuerstahl integrieren

Für den Korkenzieher des Schweizer Taschenmessers gibt es interessante Zubehörteile. Dazu gehören nicht nur Mini-Schraubendreher, sondern auch Feuerstähle in Miniaturausführung. Sie dreht man im bekannten Stil in den Korkenzieher. Doch was, wenn man hier seinen Mini-Schraubendreher aufbewahren will oder ein Modell ohne Korkenzieher besitzt? Dann macht man das Griffstück der sogenannten Fire Ant ab, packt den reinen Mischmetall-Feuerstahl zum Schutz vor Beschädigungen in eine Paracord-Hülle, aus der man vorher die Stränge entfernt hat, und verstaut das Ganze zum Beispiel unter der Schere oder unter dem Kreuzschlitzschraubendreher. Denn dort ist unter den eigentlichen Werkzeugen noch etwas Platz für schmale Dinge. Den Stahl reißt man dann mit dem Rücken der Säge, der Feile, der scharfen Dosenöffnerkante oder der Ahle an.

Ist das Korkenzieher-taugliche Griffstück erst mal ab, passt der Feuerstahl leicht in den Griff.

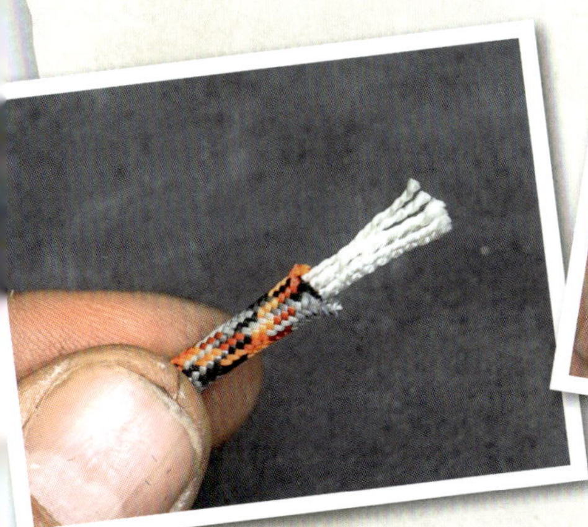

Entfernt man die Stränge des Paracords, wird die Hülle zum Feuerstahl-Schutz.

Unter beiden Schalen befinden sich zahlreiche Hohlräume, die man nutzen kann für Kleinteile …

84 Messer
Überlebensausrüstung unter den Schalen

So voll gepackt mit Funktionen ein Schweizer Messer auch ist – es geht immer noch ein bisschen mehr. So befinden sich unter den Schalen überraschend viele Hohlräume, die man sehr gut nutzen kann, um flache Dinge wie Angelhaken, Wirbel oder Micro-SD-Karten mitzuführen. Die Schalen der 91-Millimeter-Modelle werden über drei Rosetten verpresst. Wie genau man die Schale löst, zeigt der Hack zur Angelleine (Hack 51). Und das alles passt nun unter die Schalen. Faszinierend, oder?

… wie Angelhaken oder SD-Karten. Die Stege kann man einschneiden für mehr Platz.

85 Dosenöffner Schaber

Um festgetrocknete Lack- und Farbreste zu entfernen oder auch hartnäckige Aufkleber, kann man getrost auf den Dosenöffner zurückgreifen. Dessen nach außen gewölbte, nicht zu scharfe Schneide bietet eine punktgenaue Kraftübertragung auf die Anhaftungen, die man lösen möchte. Seine präzise geschärfte Messerklinge sollte man sich mit so etwas nicht ruinieren.

Die bauchige Schneide des Flaschenöffners lässt sich gezielt einsetzen.

86 Zahnstocher Messerreiniger

Wussten Sie, dass die meisten Schweizer Messer bereits einen Reiniger integriert haben? Und zwar in Form des Zahnstochers, den ja ohnehin kein Mensch tatsächlich zum Reinigen der Zahnzwischenräume zu nutzen scheint. Mit ihm lassen sich all die Flusen, die sich in den Untiefen des Schweizer Messers oder anderer Messer verstecken und die Funktion beeinträchtigen, effektiv und zudem messerschonend entfernen.

Flusen unter dem Verschlusshebel können die Funktion beeinträchtigen.

Diese „Fast Rope"-Wicklung lässt sich mit den Fingern machen, einfacher geht's aber mit dem Messer.

87

Messer

Seil aufschießen

Etwas Leine im Rucksack oder in seiner Hosentasche zu haben, ist praktisch. Noch praktischer ist es, wenn die Leine sauber zusammengelegt ist und im Bedarfsfall geordnet abgerollt werden kann. Das geht ganz einfach.

Im Beispiel haben wir 1,5 Meter Reepleine abspulbereit aufgeschossen, man kann das aber auch mit 20 Metern Leine machen (dann braucht man allerdings andere Hilfsmittel, die die Aufgaben von Dosenöffner und Kapselheber übernehmen). Das Prinzip ist immer dasselbe: Der Teil, an dem man später zieht, um die Leine abzurollen, wird etwas länger gelassen. Dann schießt man die Leine 8-förmig auf, bis noch genügend Leine vorhanden ist, um das Bündel mit Rundtörns zu komprimieren und zu fixieren.

Hier die einzelnen Schritte: Die Leine wird hinten um den Kapselheber geführt und dann von vorne hinter den Dosenöffner und wieder zurück – die erste 8. Und so geht es immer weiter im Programm, indem man eine 8 nach der anderen legt. Ist die Leine weit genug aufgeschossen, zieht man das Bündel ab. Das zuvor laufende Ende wird in sauberen Rundtörns um das 8er-Bündel gelegt. Das Leinenende wird unter dem letzten Törn durchgeschoben und stramm gezogen.

Zieht man am zu Beginn stehen gelassenen Leinenanfang (oben rechts im Bild), rollt sich das Bündel sauber und ohne Knotenbildung in einem Rutsch ab.

Die Leine wird 8-förmig um Schraubendreher und Dosenöffner gewickelt und am Schluss mit Rundtörns gesichert.

88

Pinzette

Brille reparieren

Wer keinen Mini-Schraubendreher in seinem Korkenzieher mitführt, kann dennoch die ganz feinen Schlitzschrauben, mit denen Brillenbügel oft befestigt sind, anziehen oder lösen. Und zwar mit Hilfe der Pinzette und im Notfall auch mit der Feder der Schere.

Die feinen Schrauben an Brillen sind zu filigran für die meisten Schraubendreher – nicht aber für die Pinzette.

89 Dosenöffner
Topfhalter

„To boil the billy“ bedeutet in Australien so viel wie Tee machen. Der Ausdruck stammt daher, dass man dafür im Busch früher die sogenannten Billycans benutzt hat. Billycans sind beliebte Utensilien zum Kochen über offenem Feuer.

Der Name stammt möglicherweise vom „Bully Beef“ ab: So nennt man in Australien Corned Beef. Das wurde früher oft in Blechbehältnissen mit Deckel angeboten und war eine beliebte Nahrungsquelle beim Erschließen des Outbacks. Nachdem man das Fleisch aufgebraucht hatte, nutzte man die Dosen zum Abkochen von Wasser und zum Aufbrühen von Tee und Kaffee. Billycans und viele andere Outdoor-Töpfe besitzen oft umklappbare Handgriffe oder zumindest Drahtbügel. Damit hängt die Billycan stabil über dem Feuer und kann daran auch vom Feuer genommen werden. Dazu eignet sich auch der Dosenöffner eines Schweizer Messers wirklich exzellent. Denkbar wäre natürlich auch der Mehrzweckhaken, den jedoch nicht ganz so viele Modelle besitzen.

Interesting Fact: Der Begriff Billycan wird sogar vom Australischen Nationalmuseum in Canberra als ein Symbol für das Buschleben Australiens eingeordnet.

Töpfe ohne Henkel lassen sich oft mit dem Dosenöffner des Schweizer Messers sicher greifen, indem man den Topfrand einklemmt.

Diese Aufnahme von Archibald James Campbell zeigt den typischen Einsatz von Billycans.

(Quelle: Wikipedia)

Messer

90 Rechter Winkel

Zum Vorzeichnen rechter Winkel, zur Prüfung bereits ausgeführter Arbeiten sowie zum Ausrichten verschiedener Elemente zueinander nutzen Handwerker Anschlagwinkel. Hat man diesen nicht dabei, kann auch die ausgeklappte Ahle ganz gut Aufschluss darüber geben, ob genau gearbeitet wurde. Gut geeignet ist auch das SwissTool – wenn man nur einen Schenkel bis zum ersten Raster ausklappt.

Messer

91 Smartphone-Ständer

Wir wissen doch alle, dass es oft besser ist, ein Ding nach dem anderen zu machen. Insbesondere trifft das aufs Essen zu, allein der Wertschätzung der Lebensmittel halber, nicht zu vergessen, dass bei Ablenkung auch die Verdauung zu kurz kommt und auch noch der Genuss.

Doch Menschen sind nun mal nicht immer vernünftig, und so kommt es „gelegentlich" vor, dass das Smartphone nicht nur auf der Toilette zum ständigen Begleiter wird, sondern auch am Esstisch. Um dabei wenigstens eine möglichst schonende Körperhaltung einzunehmen, sollte das Handy nicht flach auf dem Tisch liegen – sonst droht der Schildkrötennacken. Basteln Sie sich doch einfach unter Zuhilfenahme des Pakethakens einen Smartphone-Ständer.

Durch die beiden Tools von beiden Seiten eingefasst, lässt sich die Folie gezielt einreißen.

92 Pinzette und Zahnstocher
Aufreißhilfe

Nicht, dass Pinzette und Zahnstocher nicht dabei helfen könnten, bei einem ersten Date einen gepflegten und somit guten Eindruck zu hinterlassen. So deuten zwar Brokkolireste zwischen den Zähnen auf eine gesunde Ernährungsweise hin (manch einen mag das schon überzeugen), aber so richtig fein ist das ja dann doch nicht. Außerdem meinen wir gar nicht diese Art von „Aufriss“.

Es geht stattdessen um störrische Gummibärchen- oder Chips-Verpackungen. Denn manche lassen sich einfach nicht vernünftig mit den Fingern greifen und einreißen. Doch drückt man die Folie an der geplanten Einrissstelle von links und rechts mit Zahnstocher und Pinzette zusammen, gelingt die notwendige Kraftübertragung, und es darf genüsslich vernascht – natürlich meinen wir: genascht – werden.

93 Pinzette oder Zange
Nagel halten

Damit es nichts auf die Pfoten gibt, kann man zum Einschlagen von Nägeln einen Nagelhalter nutzen. Wie praktisch, dass am Schweizer Messer - das ja ohnehin jeder gestandene Handwerker stets mit sich führt - schon einer inkludiert ist, und zwar in Form der Pinzette oder der Zange.

Diese Sache hat einen „Mehrzweckhaken" – denn er kann auch auf Bike-Touren hilfreich zur Seite stehen.

Mehrzweckhaken

94 Fahrradspeichen nachziehen

Speichenräder gibt es bereits seit rund 4.000 Jahren. Der grundsätzlich einfache Aufbau ist seitdem vom Grundsatz her gleich geblieben: Die Speichen verbinden die Nabe und die Felge miteinander und übertragen den Druck und das Gewicht, das auf die Felge wirkt, auf die Nabe.

An einem Ende haben Fahrradspeichen ein Gewinde, das rund zwei Millimeter lang ist. Darauf sitzt der Speichennippel, der die Speiche mit der Felge verbindet. Am anderen Ende bildet die Speiche einen Bogen von etwa 95 Grad. Dort befindet sich der Speichenkopf, der wie eine Linse geformt ist und die Speiche mit der Nabe verbindet. Durch starke Erschütterungen oder andere Belastungen kann sich die Verbindung zur Nabe lockern und muss dann nachgespannt werden, um Beschädigungen und unrundes Laufen zu vermeiden.

Dafür gibt es Speichenspanner oder alternativ den Mehrzweckhaken am Schweizer Messer, der sich für die gut zwei Millimeter starken Verbindungen durchaus eignet – zumindest behelfsmäßig.

Einige Fahrradspeichen lassen sich mit dem Mehrzweckhaken nachziehen.

Eine kleine Schlaufe sichert das Messer in der Hand.

Mit einem langen Lanyard lässt sich das Schweizer Messer an Gürtel oder Schlaufen gegen Verlust sichern.

95 Schlüsselring
Funktioneller Lanyard

Die allermeisten Schweizer Messer besitzen eine Öse, an der bereits ein Schlüsselring guter Qualität sitzt. Und das ist auch gut so. Denn diese beiden Teile ermöglichen es, vieles mehr am Messer zu befestigen und damit dessen Nutzbarkeit zu erweitern. Allein ein Lanyard, also die Schnur durch den Schlüsselring, verbreitert das mögliche Nutzungsspektrum: An Bord eines Schiffs oder auf schwierigen Wanderungen lässt sich das Messer damit an Gürtel oder Gürtelschlaufe gut gegen Verlust sichern.

Macht man einen voluminösen Knoten – abgebildet sieht man einen besonders schönen Diamant-Knoten – hinein, erhält man auch eine Ziehhilfe. Klemmt man den Knoten unter den Gürtel, liegt das Messer nicht schwer in der Hosentasche. Mit speziellen Knoten lässt sich auch eine Menge Seil auf kurzer Strecke zusammenfügen – und Schnur kann man im Outdoor-Einsatz praktisch nie genug dabei haben. Sie ist auch für Weidezäune (Hack 30) oder als Bergehilfe für verlorengegangene Schlüssel (Hack 35) essenziell.

So lieber nicht: Von Schnüren um den Hals sollte man absehen, da Strangulationsgefahr besteht. Hier lieber eine Kugelkette nehmen, die bei zu hoher Belastung reißt.

Knoten-Tipp: Der Schlangenknoten

Der Schlangenknoten gibt der Leine Volumen, sieht elegant aus und ist leicht zu knoten.

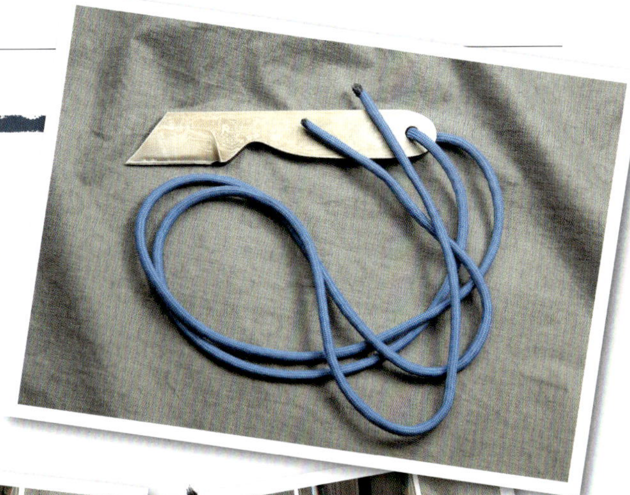

Die Leine wird durch die Öse oder den Schlüsselring geführt (a). Die linke Leine wird zunächst über und unter dem anderen Leinenende durchgeführt (b). Die bisher nicht bewegte Leinenhälfte wird unter dem anderen Seilende nach oben geführt (c) ...

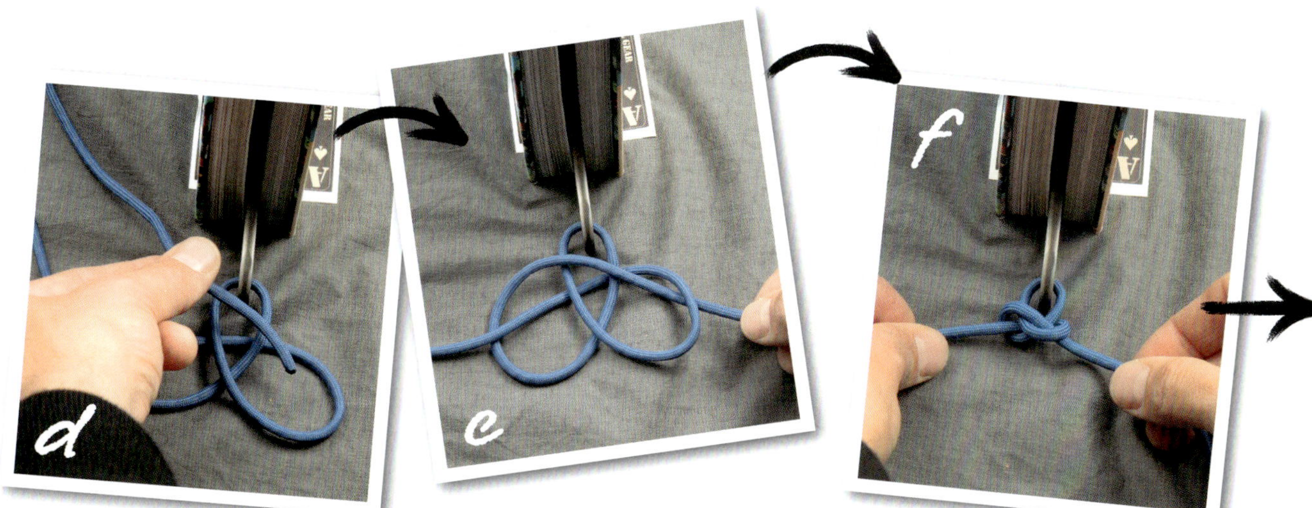

... und dann von oben her durch die Schlaufe rechts geführt (d & e). Dieser erste Schlangenknoten wird vorsichtig aber konsequent dicht geholt (f).

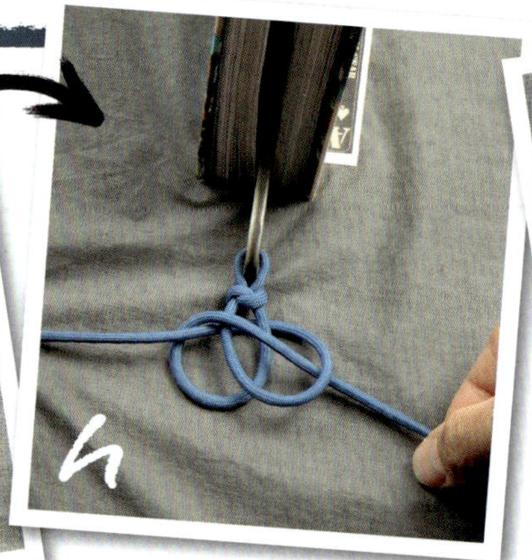

Der darauf folgende Knoten startet auf die gleiche Weise von links. So fährt man nach Belieben fort (g–i).

Die Wicklung sieht am schönsten aus, wenn die einzelnen Knoten ganz dicht beieinander liegen und gleichmäßig angezogen werden.

Schere

96 Pakete öffnen

Wer viele Pakete zu öffnen hat und mit dieser Aufgabe nicht seine Klinge belasten möchte – Karton enthält viele harte Materialien und verschleißt die Klinge –, kann dafür die Schere nutzen, die erst aufgeklappt und dann mit gespreizten Schenkeln wieder eingeklappt wird. Das funktioniert auch mit den Scheren der größeren Modelle.

So wird das Schweizer Messer zum Zentrum des Keychain-EDCs – was soll da noch schief gehen?

97

Schlüsselring

Pimp my Schweizer

Um es mit der Serienfigur „Monaco Franze“, verkörpert vom unvergesslichen Helmut Fischer, zu sagen: „A bissel was geht immer!“ Denn egal wie viele Funktionen ein Schweizer Messer auch hat, durch die zusätzliche Befestigung von Ausrüstung am Schlüsselring lässt es sich auf ein noch höheres Level bringen. Hier ein paar Inspirationen: Was ist besser als ein Schweizer Messer? Ganz klar: Zwei Schweizer Messer, denn ein Classic ergänzt ein Forester mit schönen Holzschalen um Schere, Feile, Zahnstocher und Pinzette (so gelingt dann auch die Flucht aus den Handschellen, siehe Hack 1). Es bietet sich auch an, am Schlüsselring eine kleine LED-Lampe zu befestigen … oder eine wasserdichte Kapsel mit Bargeld, Zunder-Material oder einer Schmerztablette für Notfälle. Und dann vielleicht noch eine Titan-Pfeife und ein Feuerzeug mit Duct Tape, unter dem sich noch ein paar Angelhaken befinden? Der Fantasie sind hier keine Grenzen gesetzt, um auf diese Weise noch mehr aus dem großartigen Schweizer Messer herauszuholen.

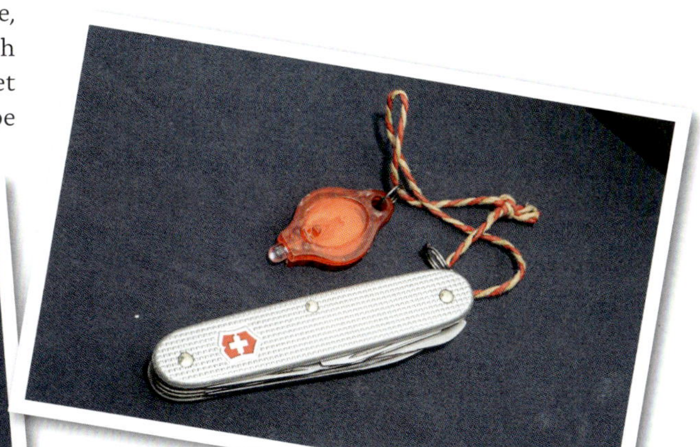

Der Charme des Schweizer EDCs ist, dass man alles Essenzielle kompakt gebündelt hat.

Trockene und fein geschnitzte Holzlocken lassen sich per Feuerstahl entzünden.

98 Klinge
Schnelle Feathersticks

Um aus einem stärkeren Ast Zundermaterial zu machen, mit dem man die ersten Flammen eines Feuers gut nähren kann, schnitzt man den Ast zuerst oft zu einem Featherstick. Übersetzen lässt sich das mit Feder- oder Lockenstab – und das trifft die Form dieses Bushcraft-Kunstwerks auch sehr gut. Das Ziel ist es, feine Späne abzunehmen, die leicht brennen und so etwas stärkeres Holz – in der Regel maximal doppelt so dick – zum Brennen bringen können. Bei nassem Holz spaltete man dieses oft auf (Hack 11), um an das trockene Innere zu gelangen, das man denn ebenfalls auffächert.

Zwei oder drei solcher Lockenstäbe ersetzen oft ein ganzes Zundernest, insbesondere wenn man es noch mit etwas Harz einreibt, das man von Bäumen kratzt und das den Lockenstab noch länger brennen lässt.

Feathersticks lassen sich erzeugen, indem man mit der Klinge am Holz entlang schiebt. Manchmal geht es schneller, wenn man die Klinge in ein Stück Holz steckt und etwas schräg nach hinten abkippt: So erzeugt man einen ziehenden Schnitt mit höherer Effizienz. Die Hand fixiert das Messer, während man den Ast an der Schneidkante vorbeizieht. Abfallende Späne können auch zum Nähren des Feuers verwendet werden.

Um sehr schnell an Holzlocken zu kommen, kann man mit fixiertem Messer arbeiten.

Korkenzieher

99 Abfluss reinigen

Dieses unangenehme Gefühl, wenn man unter der Dusche steht und das Wasser nach und nach auf „Knöchelhöhe“ ansteigt, wird meistens von Haaren verursacht, die sich im Abfluss angesammelt haben. Statt mit den Fingern nach dem flutschigen Zeug zu greifen, kann man den Korkenzieher nutzen – das funktioniert besser.

Es muss nicht immer gleich die Chemie-Keule sein.

100

Dosenöffner

Büroklammern entfernen

Wirklich gut fühlt sich das ja nicht an, wenn man falsch gesetzte Papierklammern mit den Fingernägeln rauszieht. Besser geht’s mit dem schmalen Schraubendreher-Ende des Dosenöffners.

Die Klammer kann mit dem 3-mm-Dreher des Dosenöffners aufgebogen und dann von vorne gezogen werden.

Hacks nach Werkzeug

Glossar

AHLE
Die Ahle ist ein Werkzeug und Bestandteil vieler Schweizer Taschenmesser. Sie wird in verschiedenen Ausführungen hergestellt. Victorinox nennt das Werkzeug je nach Ausführung Stech-Bohrahle oder Stech-Bohr-Nähahle (dann mit Öhr/Auge zum Nähen). Die geschärfte Kante macht das Werkzeug zum Bohren in verschiedenen Materialien und Ausräumen von Bohrlöchern geeignet. Typischerweise wird die Ahle auf der Rückseite des Taschenmessers angeordnet - bei Multitools und Alox-Modellen in linearer Ausrichtung zum Griff.

ALKOHOLKOCHER
Bei einem Alkohol- oder Spirituskocher wird der Alkohol in einer kleinen Brennkammer verbrannt, wobei eine relativ saubere Flamme entsteht, die zum Kochen oder Erhitzen von Speisen genutzt wird. Man kann ihn fertig kaufen oder aus zwei Getränkedosen selber bauen.

ANGELHAKENLÖSER
Der Angelhakenlöser ist Bestandteil des Werkzeugs Fischentschupper und eignet sich dank seines gabelförmigen, aber nicht angespitzten Endes, um Fische von einem Haken zu befreien.

BIT-SCHLÜSSEL UND BITS
Der Bit-Schlüssel wurde Ende der 1990er-Jahre für die Schweizer Taschenmesser von Victorinox entwickelt. Er ist mit einem 4-mm-Innensechskant ausgestattet, der zugleich auch als 5-mm-Innensechskant für sogenannte D-SUB-Steckverbinder verwendet werden kann, um Muttern festzuziehen. Der Bit-Schlüssel kann entweder vollständig ausgeklappt oder im 90-Grad-Winkel eingesetzt werden. Er ist auf derselben Messer-Ebene montiert wie der Bit-Kunststoffhalter. In diesem befinden sich ab Werk bereits drei Doppelend-Bits, ein vierter steckt im Bit-Schlüssel selbst. Der Bit-Schlüssel ist in den Victorinox-Taschenmessern der Cyber-Tool-Serie enthalten und aktuell im Swiss Champ XXL.

CLIP
In der Regel ein Metallstreifen oder -bügel, der am Griff eines Klappmessers montiert ist. Mit dem Clip kann das Messer in die Hosentasche oder an einen Gürtel geklemmt werden. Zum ersten Mal wurde diese Lösung von der Firma Spyderco in Serie produziert. Es gibt auch Scheiden für feststehende Messer, die mit einem Clip ausgestattet sind.

CELLIDOR
Cellidor ist das Material, das Victorinox für seine Kunststoff-Schalen an den Taschenmessern benutzt. Dieses organische Material ist in ähnlicher Form schon seit fast 100 Jahren auf dem Markt. Die Basis des thermoplastischen Kunststoffs beruht auf Cellulose beziehungsweise Cellulose-Estern, daher auch der Name. Die Kombination der Eigenschaften von Cellidor soll laut Hersteller einzigartig in der Polymerwelt sein. Die Vorteile von Cellidor: hohe Oberflächenqualität mit hoher Schlagzähigkeit, brillante Farben und UV-Stabilität, angenehme Haptik mit Selbstpoliereffekt, extrem langlebig und beständig gegen Wasser, Fette, Mineralöl und Schweiß.
Zur Verbesserung der Abrieb- und Kratzempfindlichkeit wird bei den Schweizer Messern von Victorinox der Logo- beziehungsweise Motiv-Druck mit einem hochglänzenden Schutzlack überzogen. Durch diesen Hartlack erreichen die Drucke höchste Abriebfestigkeit und chemische Beständigkeit. Dieses Verfahren mit lebensmittelechtem Lack ist umweltfreundlich. Der Schutzlack soll die Abriebfestigkeit der Drucke um einen Faktor >100 erhöhen. Die maximale Gebrauchstemperatur liegt bei 65 °C. Wärmer sollte das Wasser beim Lösen der Schalen nicht sein.

DAUMENSTIFT
Auch Daumen-Pin (engl. thumbstud): Öffnungshilfe an der Klinge eines Klappmessers, um ein einhändiges Ausklappen mit dem Daumen zu ermöglichen. Er kann einseitig oder beidseitig angebracht sein.

DOSENÖFFNER
Der Dosenöffner des Schweizer Messers hat eine weit zurück reichende Geschichte und einige Änderungen durchlaufen. Zum ersten Mal wurde er 1891 bei dem Schweizer Armeemesser verwendet. Er bestand aus einem klauenartigen, geschliffenen Haken und einer gerundeten Auflage für den Dosenrand. Der obere Konservendosen-

rand wurde damit nach dem Durchstoßen „Schritt für Schritt" von unten her aufgeschnitten.
Aktuell wird der Dosenöffner von unten in den Dosenrand eingehakt und anschließend der Deckel von oben her eingeschnitten. Zudem ist der aktuelle Dosenöffner auch mit einer Schraubendreher-Spitze ausgestattet, und es gibt an Modellen wie dem Victorinox Compact ein Kombi-Tool, das zum Öffnen von Flaschen und Konserven geeignet ist.

FEHLSCHÄRFE
Siehe Ricasso.

FEUERBOHREN
Das Feuerbohren ist eine Technik zur Feuererzeugung. Dabei wird ein hölzerner Stab in ein flaches Holzstück gedreht, wodurch durch die Reibungshitze glühender Holzstaub entsteht. Dieser glühende Staub kann dann genutzt werden, um ein Zundernest zum Brennen zu bringen.

FISCHENTSCHUPPER
Der Fischentschupper ist ein vielseitiges Werkzeug - nicht nur - für Angler und Bestandteil einiger Victorinox-Offiziersmesser. Die wellenförmig angefaste Unterkante eignet sich zum Entfernen von Fischschuppen, während die U-förmige Spitze als Angelhakenlöser dient, um den Haken sicher aus dem Maul eines Fisches zu entfernen. Entlang der Flanken befindet sich ein Maßstab mit metrischen Abstufungen (cm) auf der einen Seite und einer Zoll-Skala auf der anderen Seite. Ältere Versionen des Werkzeugs verfügten nicht über diese beiden Maßstab-Markierungen.

FLACHSCHLIFF
Die Klinge wird vom Rücken oder einer tiefer gesetzten Anschliffkante aus von beiden Seiten in einem gleichbleibenden Winkel (V-förmig) angeschliffen. Die Klingenflanken sind plan. Die eigentliche Schneide setzt unterhalb dieses Schliffs an: Sie kann ebenfalls flach sein (in einem stumpferen Winkel als der Anschliff) oder ballig. Einen Flachschliff kann man auch auf 0, also bis zur Schneidkante, ausschleifen. In diesem Fall wird der Anschliffwinkel ohne stumpfwinkligere Schneid-/Sekundärfase bis zur Schneidkante durchgezogen (skandinavischer Anschliff).

FOLDER
Kurzform des englischen „folding knife", einer allgemeinen Bezeichnung für Klappmesser.

GEFÜGE
Die individuelle Zusammensetzung eines Stahls (siehe auch Legierung) aus Eisen, Kohlenstoff und eventuell weiteren Legierungselementen wie Chrom bestimmt die Mikrostruktur (das Gefüge) des Stahls. Die Ausprägung des Gefüges kann durch die Wärmebehandlung gesteuert werden. Das Gefüge hat Auswirkungen auf mechanische Eigenschaften wie Härte, Verschleißfestigkeit, Zähigkeit, maximal herstellbare Schärfe, Rostträgheit und Schärfbarkeit.

HEFT
Altmodischer, vor allem in Solingen gebräuchlicher Begriff für den Messergriff.

HOLZMEISSEL
Es gibt zwei Meißel-Varianten von Victorinox. Die erste ist eine schmale Version, die auf der Rückseite der größeren Schweizer Taschenmesser zu finden ist. Das zweite Modell ist breiter und Teil der SwissTool-Reihe. Beide Varianten eignen sich hervorragend zum Meißeln und Stemmen von Holz sowie anderen Materialien und verfügen über keine weiteren integrierten Werkzeuge.

HOLZSÄGE
Die Säge ist ein Werkzeug zum spanenden Trennen von Holz. Ihr Sägeblatt besteht aus einer dünnen Stahlplatte, die am Rand mit meißelartigen Zähnen versehen ist und durch Kraft bewegt wird. Die Säge dringt mit ihren Zähnen in das Material ein und entfernt dabei dünne Späne, sogenannte Sägespäne. Dadurch wird eine schmale Nut geschaffen, die eine Trennfuge bildet.

KAPSELHEBER
Dieses Werkzeug war zunächst ein einfacher und sehr robuster Schlitzschraubenzieher für das Schweizer Soldatenmesser und später für das Offiziersmesser. Im Laufe der Zeit wurde der Schraubendreher zu einem Kapselheber/Flaschenöffner weiterentwickelt. Später kam eine Kerbe zum Abisolieren von Drähten hinzu. Im Laufe der Zeit wurden auch kleinere Änderungen an der Form des Werkzeugs vorgenommen.

KARBIDE
Karbide (zum Beispiel Chrom- oder Vanadiumkarbide) sind extrem harte Kohlenstoffverbindungen im Stahl. Diese mikroskopisch kleinen „Körnchen" sind für eine erhöhte Verschleißfestigkeit des Stahls verantwortlich. Ihre Größe und Verteilung hängt von der Legierung, aber auch von der Wärmebehandlung und Herstellungsmethode ab. Bei Stählen für Messerklingen ist es von Vorteil, wenn die vorhandenen Karbide möglichst klein und gleichmäßig verteilt sind. Um ausreichend stabil verankert zu sein, müssen die Karbide, abhängig von ihrer Größe, von ausreichend „Fleisch" (Stahlmatrix) umgeben sein. Bei einem Stahl mit großen Karbiden kann man keine besonders kleinen Schneidenwinkel realisieren. Damit können derlei Klingen nicht so scharf sein wie solche aus niedrig legierten Stahlsorten mit kleinen Karbiden.

KLINGE
Die Klinge des Schweizer Messers ist auf der Unterseite scharf geschliffen und relativ schlank. Die Spitze ist etwas herabgesenkt. Das dünne Profil mit Flachschliff und ab Werk präzise angelegter Sekundärfase macht die Klinge zu einem effizienten Schneidwerkzeug.

KORKENZIEHER
Der Korkenzieher (in der Schweiz Zapfenzieher genannt) fand sich schon am ersten Offiziersmesser, damals aber noch in der Ausführung als Schraubenspindel. Er dient zum Entfernen von Korkverschlüssen. Der im Einsatz quer dazu stehende Griff stellt die Dreh- und Zugrichtung dar.

KULI
Victorinox nutzt eine Kugelschreiberminemine, die im Griff untergebracht ist. Sie hat ein Tintenreservoir, das aus einem Metallröhrchen besteht, in dem sich eine zähflüssige, konzentrierte Tintenpaste befindet. Die Schreibspitze schließt das Tintenröhrchen nach unten ab und enthält die Kugelführung. Die Schreibkugel besteht aus Hartmetall oder aus einem extrem harten keramischen Material.

LANYARD
Englischer Begriff für den Fangriemen (Sicherungsleine), der in der Regel am Ende des Messergriffs an einer Öse oder einem Bügel befestigt ist. Er soll das Messer gegen Verlust sichern, das Griffgefühl verbessern und wird auch als Ziehhilfe genutzt.

LEGIERUNG
Die Legierung bezeichnet die Bestandteile des Stahls und ihr mengenmäßiges Verhältnis zueinander. Von der Legierung und der Wärmebehandlung hängen die Eigenschaften einer Stahlsorte ab. Wichtige Elemente:

Kohlenstoff (C) ist das wichtigste, das entscheidende Legierungselement: Sein Zusatz in Anteilen von 0,1 bis 2,0 Prozent macht aus Eisen Stahl. Ab einer Kohlenstoff-Konzentration von mindestens 0,2 Prozent wird Stahl härtbar. Während Festigkeit und Härtbarkeit des Stahls mit zunehmendem Kohlenstoff-Gehalt steigen, nehmen Dehn-, Schmied- und Schweißbarkeit sowie Zähigkeit ab.

Kobalt (Co) bildet keine Karbide, verbessert aber die Festigkeit und verfeinert das Gefüge des Stahls.

Chrom (Cr) ist ein wichtiges Legierungselement. Ab 10,5 Prozent Chrom in der Grundmasse gilt ein Stahl als rostbeständig. Mit Kohlenstoff, Eisen, Wolfram und Molybdän bildet Chrom harte (Misch-)Karbide, die die Verschleißfestigkeit erhöhen.

Mangan (Mn) gilt erst ab 0,5 Prozent als Legierungselement. Es verbessert die Härtbarkeit, die Festigkeit sowie die Schmied- und Schweißbarkeit.

Molybdän (Mo) bildet unter anderem harte Karbide, verbessert die Härtbarkeit, erhöht die Korrosionsbeständigkeit und verringert die Sprödigkeit.

Niob (Nb) ist ein starker Karbidbildner und steigert die Festigkeit und Zähigkeit von Stahl.

Nickel (Ni) erhöht im Verbund mit Chrom die Korrosionsbeständigkeit.

Phosphor (P) ist eine unerwünschte Verunreinigung, der Gehalt wird so weit wie möglich reduziert.

Schwefel (S) tritt vor allem als Verunreinigung auf. Manchen Stählen wird er auch zur besseren Bearbeitbarkeit zugesetzt.

Silizium (Si) gilt erst ab 0,5 Prozent als Legierungselement und wirkt positiv auf Biege- und Verschleißfestigkeit.

Vanadium (V) bildet sehr harte Karbide.

Wolfram (W) bildet sehr harte Karbide.

LINER

Siehe Platine.

LINER-LOCK

Ein Arretierungsmechanismus, der von handgefertigten Custom Knives stammt und in seiner heutigen Form vom US-Messermacher Michael Walker entwickelt wurde. Ein federnd beweglicher Teil der Platine (engl. liner) springt seitlich nach innen hinter die Klingenwurzel und arretiert die Klinge dadurch in ausgeklappter Position. Zum Einklappen muss der Liner zur Seite geschoben werden, was in der Regel mit dem Daumen erfolgt. Im eingeklappten Zustand wird die Klinge mit einem Detentball gesichert, einem kleinen Kügelchen, das in den Liner eingepresst ist und in eine passende Vertiefung in der Klingenwurzel einrastet.

MARLSPIEKER

Der Marlspieker ist ein Werkzeug, das beim Segeln oder allgemein in der Seefahrt zum Einsatz kommt. Es eignet sich zum Spleißen von Seilen. Dieses Werkzeug besteht aus rostfreiem Stahl mit einer glatten, verjüngten Welle und einem Auge nahe der Spitze. Mithilfe des Auges lassen sich Seile oder Schnüre einfädeln. Es eignet sich auch, um feste Knoten zu lösen. Durch die Beschaffenheit der Oberfläche wird das Seil dabei nicht beschädigt.

MASTWURF

Der Mastwurf ist ein Knoten, der aus zwei halben Schlägen besteht, die um einen Gegenstand gewickelt sind oder gelegt werden.

MASSSTAB

Der Maßstab ist ein integriertes Element in verschiedenen Werkzeugen wie dem Schraubendreher (58-mm-Modelle, zum Beispiel Minichamp) oder dem Fischentschupper. Am Griff der SwissTools befindet sich bei einigen Modellen ebenfalls ein Maßstab in metrischer und Zoll-Ausführung.

MEHRZWECKHAKEN

Der Mehrzweckhaken ist seit den 1990er-Jahren Bestandteil der Victorinox Schweizer Taschenmesser.

METALLFEILE/-SÄGE

Die rund 1,7 Millimeter starke Feile am Schweizer Messer besitzt auf beiden Seitenflächen einen Hieb zum Abnehmen von Material an Holz und Metall. Die Rillen an der Unterseite wirken wie kurze Schneiden und ermöglichen es, mit der Feile auch Metalle zu sägen.

MINI-SCHRAUBENDREHER

Der Mini-Schraubendreher wurde in den 1980er-Jahren patentiert und eingeführt und ist ein äußerst praktisches Werkzeug. Wird er nicht verwendet, ist der Schraubendreher verkehrt herum im Korkenzieher verstaut. Soll er benutzt werden, wird er richtig herum eingedreht. Der Mini-Schraubendreher hat eine Breite von 1,5 Millimetern und eignet sich hervorragend zum Lösen oder Befestigen von Schrauben an Brillen oder anderen kleinen Gegenständen.

ÖFFNUNGSLOCH

Das runde Loch in der Klinge wurde von Sal Glesser, dem Gründer von Spyderco, erfunden und ist ein Geniestreich in der Geschichte der Klappmesser. Das Loch dient zum einhändigen Herausklappen der Klinge und ist uneingeschränkt von Links- und Rechtshändern zu gebrauchen. Da die runde Form von Spyderco rechtlich geschützt ist, gibt es bei anderen Herstellern alle möglichen Abwandlungen.

ÖSE

Ein fest mit der Platine verbundenes Bauteil, das den Schlüsselring aufnimmt.

PARACORD

Das ist der Handelsname einer reißfesten Nylonschnur, die einen geflochtenen Mantel und eine durchgehende Seele aus mehreren Einzelsträngen (meist sieben) besitzt. Es ist die Abkürzung des Ausdrucks Parachute Cord (Fallschirmleine).

PET

Polyethylenterephthalat (Kurzzeichen PET) ist ein durch Polykondensation hergestellter thermoplastischer Kunststoff aus der Familie der Polyester. PET hat vielfältige Einsatzbereiche und wird unter anderem zur Herstellung von Kunststoffflaschen (PET-Flaschen), Folien und Textilfasern verwendet.

PINZETTE
Eine Pinzette ist ein Werkzeug, das verwendet wird, um kleine Gegenstände zu greifen. Der Name stammt vom französischen Wort „pince", was Zange bedeutet, und ist abgeleitet von „pincer", was so viel wie kneifen oder zwicken heißt. Beim Schweizer Messer sitzt sie unter den Griffschalen.

PLATINE
Metallrahmen bei einem Klappmesser. Zwei Platinen (engl. liner) bilden in der Regel den tragenden Griffrahmen. Darauf werden Backen und Griffschalen aus verschiedenen Materialien angebracht. Die Platinen bestehen traditionell aus Messing oder Neusilber, bei modernen Konstruktionen aus rostfreiem Stahl, Titan oder Aluminium. In Solingen werden auch diese Platinen „Erle" genannt, analog zu einem feststehenden Messer.

RICASSO
Nicht geschliffener Bereich an der Klinge zwischen Schneide und Griff beziehungsweise Parierelement (deutsch: Fehlschärfe).

ROST
Rost ist Eisenoxid, ein Zersetzungsprodukt, das aus Eisen oder Stahl durch Oxidation mit Sauerstoff in Gegenwart von Wasser entsteht. Der Stahl wird allmählich „zernagt".

ROSTRESISTENT
Selbst sogenannte „rostfreie" Messerstähle können zum Rosten gebracht werden. Man spricht jedoch von rostbeständigen Stählen, wenn mindestens zwölf Prozent Chrom in der Grundmasse enthalten sind, sodass sich eine dünne, chromreiche Oxidschicht auf der Oberfläche des Stahls bilden kann. Diese durchsichtige Schicht schützt den darunterliegenden Stahl vor weiterer Reaktion mit der Umgebung.

SCHERE
Eine Schere ist ein Werkzeug, das zum Schneiden von Materialien wie Papier, Stoff oder Haaren verwendet wird. Sie besteht aus zwei scharfen Klingen, die an einem Gelenk verbunden sind und sich gegeneinander bewegen. Durch das Zusammendrücken der Griffe schließen sich die Klingen und das dazwischen liegende Material wird durchtrennt. Der Schweizer-Messer-Hersteller Wenger fertigte seine Scheren mit Micro-Zahnung, ein Merkmal, das man inzwischen auch bei Victorinox findet.

SCHLÜSSELRING
Ein kreisförmig gebogener und überlappender Federdraht zur Aufnahme von Gegenständen, der bei Victorinox ab Werk in die Öse eingesetzt ist.

SLIPJOINT
Eine Klappmesser-Konstruktionsvariante, bei der die Klinge ausgeklappt von einer Rückenfeder in Position gehalten, aber nicht arretiert wird.

STAHLKLINGE
Für die Messerklingen der Taschenmesser nutzt Victorinox überwiegend den rostbeständigen, chrom- und molybdänlegierten Stahl 1.4110 mit folgenden Anteilen:

C	Cr	Mo	V
0.48–0.60	13.0–15.0	0.50–0.80	0.15

Die wichtigsten Stahleigenschaften für Messer sind:

Härte: Die Härte einer Klinge wird als HRC-Wert (Hardness Rockwell C / Härte nach der Rockwell-Skala C) angegeben und ermittelt, indem ein speziell geformter Diamantkegel unter vorgegebenem Druck in den Stahl gepresst wird. Je geringer die Eindringtiefe des Diamantkegels ist, desto härter ist der Stahl. Wie hart eine Klinge werden kann, hat maßgeblich mit dem Kohlenstoff-Gehalt des Stahls zu tun. Bei Messerklingen findet man Werte zwischen 52 und 65 Grad Rockwell C. Eine angemessen hohe Härte wirkt sich positiv auf die Standzeit der Schneide aus - also darauf, wie lange das Messer eine brauchbare Schärfe behält - und ist generell zu empfehlen.

Verschleißfestigkeit: Sie ist ein Gradmesser dafür, wie gut die Schneidkante dem mechanischen Abrieb durch harte und scheuernde Partikel, die im Schneidgut eingelagert sind, widersteht. Das Ausmaß der Verschleißfestigkeit hängt von der Härte und insbesondere auch von der Zusammensetzung des Stahls ab. Im Stahlaufbau eingelagerte Karbide sind der maßgebliche Faktor.

Zähigkeit: Darunter versteht man die Eigenschaft des Stahls, nach harten Schlag- und Biegebeanspruchungen nicht zu brechen oder Risse zu bekommen und diesen Belastungen einen gewissen Widerstand zu bieten. Für die Zähigkeit ist vor allem der molekulare Stahlaufbau von Bedeutung: Je feinkörniger der Stahl, desto zäher ist er. Je grobkörniger er ist (etwa durch den Verschleiß hemmende Karbide) und je näher er sich an seinem individuellen Härtemaximum befindet, desto spröder ist der Stahl.

Rostbeständigkeit: Säuren und Wasser in Kombination mit Sauerstoff sind die natürlichen Feinde von Stahlklingen, da es zu Oxidationsprozessen kommt. Das Resultat davon ist Rost. Tritt diese Zersetzung an den Schneidkanten auf (die ja oft nur wenige Tausendstel Millimeter breit sind), kann das zu einer Schwächung und in der Folge zu einem schnelleren Abstumpfen führen. Rostbeständige Stähle widerstehen den „Wasser-, Sauerstoff- und Säure-Attacken" deutlich besser als nicht-rostfreie Stähle. Nicht in Karbidform gebundenes Chrom mit einem Anteil von mindestens 10,5 Prozent schafft die Voraussetzung für eine sehr hohe Rostbeständigkeit.

THERMOPLASTISCHER KUNSTSTOFF

Das ist ein Kunststoff, der unter Temperatureinwirkung seine Konsistenz verändert und formbar wird.

VERSCHLEISSFESTIGKEIT

Siehe Stahlklinge.

WÄRMEBEHANDLUNG

Genau definierte Erwärmungs- und Abkühlungsvorgänge, um bestimmte Merkmale einer Stahlklinge wie Härte und Zähigkeit maßgeblich zu beeinflussen. Klingen aus Stahl werden häufig in weichgeglühtem Zustand in Form gebracht (gestanzt, geschnitten, gefeilt) und geschliffen. Zum Härten muss die Klinge erhitzt und eine gewisse Zeit auf dieser Temperatur gehalten werden, je nach Stahlsorte zwischen 800 und 1.200 Grad. Die dabei entstehende Eisenstruktur heißt Austenit. Die im Stahl enthaltenen Kohlenstoffatome lösen sich dabei von ihren ursprünglichen Positionen und ordnen sich in diesem Gefügezustand auf Zwischengitterplätzen an. Kühlt man den Stahl nun schockartig ab, werden die Kohlenstoffatome im Eisengitter „eingespannt". Diese Verspannung erzeugt letztendlich die Härte. Das so entstandene Gefüge heißt Martensit. Durch erneutes gezieltes Erwärmen (Anlassen) werden die durch das Abkühlen verursachten Härtespannungen etwas reduziert, der Stahl wird wieder weicher, aber auch zäher. Durch anschließendes Tiefkühlen, das häufig vorgenommen wird, kann eine Verfeinerung des Gefüges erreicht werden.

WOLFRAMKARBID

Diese extrem harte Verbindung wird aus den chemischen Elementen Wolfram, Kohlenstoff und Kobalt gebildet. Verwendet wird sie unter anderem für Werkzeugschneiden, Kugelschreiber-Kugeln und Glasbrecher.

ZAHNSTOCHER

Er besteht bei Victorinox aus Kunststoff und sitzt in der Schale. Heutzutage wird vom Gebrauch von Zahnstochern bei Tisch mit Rücksicht auf das ästhetische Empfinden anderer abgeraten, soviel Knigge darf sein.

EBENFALLS IM WIELAND VERLAG ERSCHIENEN

Oliver Lang

DAS GROSSE BUCH VOM MESSER

Das Messer ist das wichtigste Werkzeug der Menschheitsgeschichte und ein Kulturgut, das auch aus unserer modernen Welt nicht wegzudenken ist. Bei vielen täglichen Arbeiten ist es ein hilfreicher Begleiter, in Notsituationen kann es zum Lebensretter werden.
Wer sich mit Messern beschäftigt, stößt auf einen spannenden Mikrokosmos. Es gibt unzählige Messertypen, Stahlsorten und Konstruktionsweisen.

Doch worin unterscheiden sich all die Messer? Wie bezeichnet man die Bauteile korrekt? Was für Eigenschaften muss ein leistungsfähiger Messerstahl besitzen? Welche Klingenform und welcher Schliff passt zu welcher Aufgabe? Wie funktionieren die unterschiedlichen Arretierungen für Klappmesser? Und wie schärft man Messer richtig?

Zu diesen und vielen weiteren Fragen finden Sie in diesem umfangreich bebilderten Buch fundierte Antworten.

Hardcover, 216 Seiten, 200 x 260 mm
ISBN 978-3-938711-84-2
EUR 29,90